MANUAL
FOR
INTERIOR
COLOR
DESIGN

室内配色
基础教程

北京骁毅空间文化发展有限公司 编

华中科技大学出版社
http://www.hustp.com

中国·武汉

图书在版编目（CIP）数据

室内配色基础教程 ／ 北京骁毅空间文化发展有限公司编 . —— 武汉：华中科技大学出版社，2019.9
ISBN 978-7-5680-5492-8

Ⅰ . ①室… Ⅱ . ①北… Ⅲ . ①室内装饰设计－配色－教材 Ⅳ . ① TU238.23

中国版本图书馆 CIP 数据核字 (2019) 第 169883 号

室内配色基础教程
Shinei Peise Jichu Jiaocheng

北京骁毅空间文化发展有限公司 编

出版发行：华中科技大学出版社（中国·武汉）　　电话：(027) 81321913
出 版 人：阮海洪

责任编辑：康　晨
封面设计：骁毅文化

印　　刷：深圳市雅佳图印刷有限公司
开　　本：889mm×1194mm　1/32
印　　张：16
字　　数：400 千字
版　　次：2019 年 9 月第 1 版第 1 次印刷
定　　价：258.00 元

　　色彩是视觉过程中极富有张力的情绪，因为视觉对于色彩的反应是强烈且立即的，它能激发出人们丰富而变化的反应，在室内设计中，色彩的合理运用与搭配，能够营造出更舒适、更满意的空间。

　　许多与色彩相关的知识通常比较琐碎，所涉及的范围与领域多而广，所以我们编写了这本《室内配色基础教程》，一本能涵盖室内配色各方面知识与技巧，且能将配色关键点高度提炼的工具书。本书从色彩的基础知识入手，详细介绍了色彩的理论常识；之后针对配色印象、空间与色彩的关系进行系统全面的讲解，同时拎出色彩设计的技巧，如无彩色设计、对比配色、调和配色设计等，并通过大量家居空间的具体案例进行色彩分析，给设计师提供直观配色感受和发散设计思维。

　　本书包含了专业的色彩情感配色方法、色彩调整方案、色彩灵感来源等内容，并细致剖析材质、光源、图案、软装等外在因素与色彩表现的关系，展现了设计师必须了解的配色技巧。同时，精选了国内外优秀的家装设计案例，并搭配专业的 CMYK 色值参考（由于灯光、印刷等限制，实际 CMYK 值可能会出现偏差），以拓宽设计师的思路，碰撞出更多的设计灵感。

目录

Contents

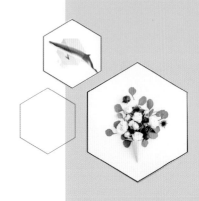

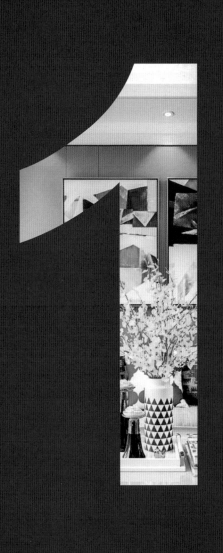

第一章
色彩基础知识

　　色彩的魅力在于不同搭配时，可以呈现多样化的效果。想要准确地利用色彩营造多元化的空间氛围，首先要先了解和掌握色彩的基本常识，只有色彩的基础知识扎实，才能激发出无限的色彩搭配灵感。

一、色彩基本概念

要想对空间进行合理的配色设计，首先应该认识色彩，了解其形成、属性等基本常识。只有充分认知色彩的特性，才能够在配色时不出错，从而设计出观感精美的空间。

1. 色彩的形成

色彩形成三要素：光源、物体、视觉

我们看见的色彩是通过眼、脑和生活经验所产生的一种对光的视觉效应。在黑暗无光地方，我们无法看见任何色彩。因此，在我们认识色彩的时候，所看到的并不是物体本身的色彩，而是对物体反射的光通过色彩的形式进行感知。

光源： 光是由红橙黄绿青蓝紫 7 种波长不同的单色光组成的，而我们人类眼睛能看到颜色的范围称为可视光，红橙黄绿青蓝紫则是我们人类眼睛可视范围内看得到的颜色。

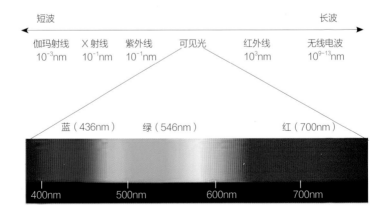

　　物体: 物体对光的选择性吸收是物体呈色的主要原因，所谓的物体颜色，是从照射的光里选择性吸收了一部分光谱波长的色光，反射剩余的色光，而我们所看到的物体颜色就是剩余的色光。黑色物体因为吸收了全部的光，所以呈现黑色，而白色物体因为不吸收任何颜色的光线并全部反射，所以呈现白色。

▲ 白色物体将光线全部反射

▲ 黑色物体吸收全部光线

蓝色表面对光的吸收与反射

橙色表面对光的吸收与反射

绿色表面对光的吸收与反射

2. 色彩的基本分类

色彩大体上可以分为有彩色系和无彩色系。

① 有彩色系

有彩色系包括冷色、暖色和中性色。一般来说暖色系包括红、橙、黄；冷色系包括青、蓝；中性色包括紫、绿。

※ 暖色系热情、活泼

CMYK	CMYK	CMYK	CMYK	CMYK
38 99 100 4	29 36 45 0	52 35 52 0	8 29 86 0	9 79 88 0

※ 冷色系清新、通透

■ CMYK	■ CMYK
95 74 30 0	45 61 68 1

■ CMYK	■ CMYK
79 29 44 0	57 78 81 30

※ 中性色自然、温馨

CMYK
46 100 14 0

CMYK
70 96 70 55

CMYK
88 56 90 27

CMYK
45 65 81 4

CMYK
19 50 17 0

② **无彩色系**

　　无彩色系指的是除了彩色以外的其他颜色，通常包括黑、白、灰、金、银等色彩，它们与有彩色系最大的区别是无色相属性。

※ **白色简洁、清爽**

CMYK
0 0 0 0

CMYK　　　　CMYK
0 0 0 0　　　69 81 84 56

※ 黑色冷酷、理性

CMYK
88 87 77 68

CMYK
23 17 17 0

CMYK
88 87 77 68

CMYK
7 38 58 0

CMYK
15 11 11 0

※ 灰色低调、考究

CMYK
38 30 26 0

CMYK
15 11 12 0

CMYK
39 31 30 0

CMYK
72 65 57 11

CMYK
18 87 86 10

※ 金色奢华、醒目

CMYK
44 34 29 0

CMYK
64 64 77 21

CMYK
43 43 69 0

CMYK
58 53 59 1

CMYK
9 25 36 0

CMYK
99 81 49 25

CMYK
44 98 99 12

③ 色相环

　　色相环是指一种圆形排列的色相光谱，色彩是按照光谱在自然中出现的顺序来排列的。暖色位于包含红色和黄色的半圆之内，冷色包含在绿色和紫色的半圆内，互补色则出现在彼此相对的位置上。

红色、黄色、蓝色是12色环的基础色，即三原色，无法混合而成

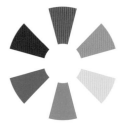

把三原色等量混合，得到二次色，即间色：绿色、紫色、橙色

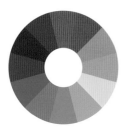

填满12色相环，只需继续等量混合相近两色即可，得到三次色，即复色

除了 12 色相环，常见的还有 24 色相环。

奥斯特瓦尔德颜色系统的基本色相为黄、橙、红、紫、蓝、蓝绿、绿、黄绿 8 个主要色相，每个基本色相又分为 3 个部分，组成 24 个分割的色相环，从 1 号排列到 24 号。

在 24 色相环中彼此相隔 12 个数位或者相距 180° 的两个色相，均是互补色关系。互补色结合的色组，是对比最强的色组。使人的视觉产生刺激性和不安定性。相隔 15° 的两个色相，均是同种色对比，色相感单纯、柔和、统一、趋于调和。

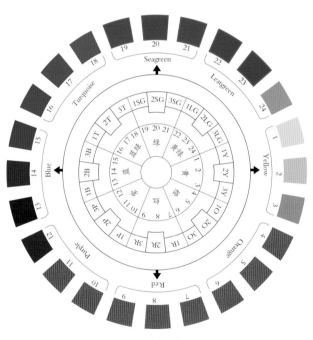

▲ 24 色相环

④ CMYK 与 RGB

CMYK 是一种专门针对印刷业设定的颜色标准，是通过对青（C）、洋红（M）、黄（Y）、黑（K）四个颜色变化以及相互之间的叠加来得到各种颜色。

RGB 色彩模式是工业界的一种颜色标准，是通过对红（R）、绿（G）、蓝（B）三个颜色通道的变化以及相互之间的叠加得到各式各样的颜色。

CMYK、RGB 色系表

色彩	C	M	Y	K	R	G	B
	0	100	100	45	139	0	22
	0	100	100	25	178	0	31
	0	100	100	15	197	0	35
	0	100	100	0	223	0	41
	0	85	70	0	229	70	70
	0	65	50	0	238	124	107
	0	45	30	0	245	168	154
	0	20	10	0	252	218	213
	0	90	80	45	142	30	32
	0	90	80	25	182	41	43
	0	90	80	15	200	46	49
	0	90	80	0	223	53	57
	0	70	65	0	235	113	83
	0	55	50	0	241	147	115
	0	40	35	0	246	178	151
	0	20	20	0	252	217	196
	0	60	100	45	148	83	5
	0	60	100	25	189	107	9
	0	60	100	15	208	119	11
	0	60	100	0	236	135	14
	0	50	80	0	240	156	66
	0	40	60	0	245	177	109
	0	25	40	0	250	206	156
	0	15	20	0	253	226	202

续表

色彩	C	M	Y	K	R	G	B
	0	40	100	45	151	109	0
	0	40	100	25	193	140	0
	0	40	100	15	213	155	0
	0	40	100	0	241	175	0
	0	30	80	0	243	194	70
	0	25	60	0	249	204	118
	0	15	40	0	252	224	166
	0	10	20	0	254	235	208
	0	0	100	45	156	153	0
	0	0	100	25	199	195	0
	0	0	100	15	220	216	0
	0	0	100	0	249	244	0
	0	0	80	0	252	245	76
	0	0	60	0	254	248	134
	0	0	40	0	255	250	179
	0	0	25	0	255	251	209
	60	0	100	45	54	117	23
	60	0	100	25	72	150	32
	60	0	100	15	80	166	37
	60	0	100	0	91	189	43
	50	0	80	0	131	199	93
	35	0	60	0	175	215	136
	25	0	40	0	200	226	177
	12	0	20	0	230	241	216
	100	0	90	45	0	98	65
	100	0	90	25	0	127	84
	100	0	90	15	0	140	94
	100	0	90	0	0	160	107
	80	0	75	0	0	174	114

续表

色彩	C	M	Y	K	R	G	B
	60	0	55	0	103	191	127
	45	0	35	0	152	208	185
	25	0	20	0	201	228	214
	100	0	40	45	0	103	107
	100	0	40	25	0	132	137
	100	0	40	15	0	146	152
	100	0	40	0	0	166	173
	80	0	30	0	0	178	191
	60	0	25	0	110	195	201
	45	0	20	0	153	209	211
	25	0	10	0	202	229	232
	100	60	0	45	16	54	103
	100	60	0	25	24	71	133
	100	60	0	15	27	79	147
	100	60	0	0	32	90	167
	85	50	0	0	66	110	180
	65	40	0	0	115	136	193
	50	25	0	0	148	170	214
	30	15	0	0	191	202	230
	100	90	0	45	33	21	81
	100	90	0	25	45	30	105
	100	90	0	15	50	34	117
	100	90	0	0	58	40	133
	85	80	0	0	81	31	144
	75	65	0	0	99	91	162
	60	55	0	0	130	115	176
	45	40	0	0	160	149	196

续表

色彩	C	M	Y	K	R	G	B
	80	100	0	45	56	4	75
	80	100	0	25	73	7	97
	80	100	0	15	82	9	108
	80	100	0	0	93	12	123
	65	85	0	0	121	55	139
	55	65	0	0	140	99	164
	40	50	0	0	170	135	184
	25	30	0	0	201	181	212
	40	100	0	45	100	0	75
	40	100	0	25	120	0	98
	40	100	0	15	143	0	109
	40	100	0	0	162	0	124
	35	80	0	0	143	0	109
	25	60	0	0	197	124	172
	20	40	0	0	210	166	199
	10	20	0	0	232	211	227
	0	0	0	10	236	236	236
	0	0	0	20	215	215	215
	0	0	0	30	194	194	194
	0	0	0	35	183	183	183
	0	0	0	45	160	160	160
	0	0	0	55	137	137	137
	0	0	0	65	112	112	112
	0	0	0	75	85	85	85
	0	0	0	85	54	54	54
	0	0	0	100	0	0	0

二、色彩三属性

色相、明度及纯度为色彩的三种属性。进行空间配色时，遵循色彩的基本原理，使配色效果符合规律，才能够打动人心，而调整色彩的任何一种属性，整体配色效果都会发生改变。

1. 色相

色相是由原色、间色和复色构成的，是一种色彩区别于其他色彩的最准确标准，除了黑、白、灰外，所有色彩都有色相属性。

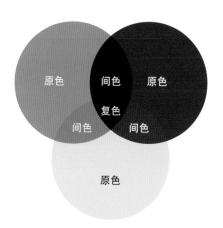

▲ 原色是指红、黄、蓝三种颜色，将其两两混合后得到橙、紫、绿，即为间色，继续混合后得到的就是复色。

① 三原色: 红、黄、蓝

CMYK
42 81 59 2

CMYK
37 44 56 0

CMYK
78 77 82 60

CMYK
21 15 91 0

CMYK
0 0 0 0

CMYK
60 27 27 0

CMYK
66 70 78 34

② 二次色：紫、绿、橙

CMYK
63 78 57 12

CMYK
16 12 14 0

CMYK
76 56 61 8

CMYK
45 21 35 0

CMYK
18 22 62 0

CMYK
0 61 73 0

CMYK
38 55 84 1

CMYK
33 9 14 0

③ 三次色: 蓝紫、紫红、蓝绿、黄绿、橙红、橙黄

CMYK
60 45 18 0

CMYK
65 35 28 0

CMYK
73 40 98 20

CMYK
61 95 68 38

CMYK
29 34 90 0

CMYK
66 55 38 0

 CMYK
86 40 28 0

 CMYK
90 66 72 36

CMYK
36 27 96 0

CMYK
4 4 2 0

CMYK
25 76 86 0

CMYK
67 75 81 45

 CMYK
4 37 84 0

 CMYK
33 67 86 0

2. 明度

明度是指色彩的明亮程度，明度越高的色彩越明亮，反之则越暗淡。白色是明度最高的色彩，黑色是明度最低的色彩。

三原色中，明度最高的是黄色，蓝色明度最低。

纯色的明度变化

低明度 <·············> 高明度

同一色相的色彩，添加白色越多明度越高，添加黑色越多明度越低。

同色相的明度变化

低明度 <·············> 高明度

CMYK 48 36 48 0　　CMYK 63 76 15 3　　CMYK 16 22 33 0

▲ 利用不同明度的绿色装饰空间，既有层次感又不会破坏原来的简洁感

3. 纯度

纯度指色彩的鲜艳程度，也叫饱和度、彩度或鲜度。纯色的纯度最高，如黑、白、灰这样的无彩色纯度最低，高纯度的色彩无论加入白色还是黑色纯度都会降低。

色彩纯度表

纯度高调（鲜调）　　　　纯度中调（中调）　　　　纯度低调（低调）

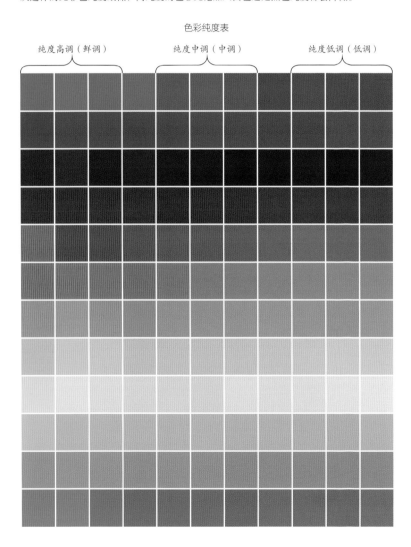

4. 色彩属性对空间氛围的影响

在进行空间配色时，整体色彩
印象是由所选择的色相决定的，而
改变一个色相的明度和纯度就可以
使相同色相的配色发生或细微或明
显的变化。

① 色相对空间氛围的影响

以暖色为主的空间配色可以表
达出沉稳而温暖的感觉，以冷色为
主的空间配色可以形成特有的清澈
感；而无色系具有强大的容纳力，
与任何色调均可搭配。

CMYK	CMYK
13 44 54 0	38 84 95 3

▶ 不同纯度的色彩搭配，具有温暖、活力的感觉

CMYK	CMYK
54 36 22 0	0 0 0 0

▶ 蓝色与白色的搭配，形成冷静、理性的氛围

② 明度对空间氛围的影响

在空间配色设计时，明度差比较小的色彩相互搭配，可以塑造出优雅、稳定的空间氛围，让人感觉舒适、温馨；反之，明度差异较大的色彩相互搭配，会产生明快而富有活力的视觉效果。

CMYK
45 44 43 0

CMYK
28 22 22 0

▲ 配色比重较大的低明度灰色塑造沉稳、大气的空间环境

CMYK
80 36 22 0

CMYK
21 32 86 0

▲ 高明度黄色带有热烈气息，与明度略低的蓝色搭配，极具视觉冲击力

③ 纯度对空间氛围的影响

如果几种色调进行组合，纯度差异大的组合方式可以达到艳丽的效果；如果纯度差异小，则空间配色显得稳定、平实。

CMYK
8 28 91 0

CMYK
91 68 3 0

▲ 纯度高的黄色和蓝色为主色的空间光鲜、亮丽，给人以活泼感

CMYK
76 98 51 11

CMYK
99 83 33 1

▲ 纯度低的紫色和蓝色为主色的空间复古而典雅，稳定性较高

三、色彩四角色

空间中的色彩，既体现在墙、地、顶，也体现在家具、布艺、装饰品等软装上。它们之中有的占据大面积的色彩，有的占据小面积的色彩，还有的已装点存在的色彩，不同的色彩所起到的作用各不相同。将这些色彩合理区分，是成功配色的基础之一。

　　背景色：空间中所占最大比例的色彩（占比60%），通常为墙、地、顶、门窗、地毯等大面积色彩，是决定空间整体配色印象的重要角色。

　　主角色：空间主体色彩（占比20%），包括大件家具、装饰织物等构成视觉中心的物体的色彩，是配色的中心。

　　配角色：陪衬主角色（占比10%），视觉重要性和面积次于主角色。通常为小家具（如边几、床头柜等）色彩，使主角色更突出。

　　点缀色：空间中最易变化的小面积色彩（占比10%），如工艺品、靠枕、装饰画等。通常颜色较鲜艳，若追求平稳也可与背景色靠近。

1. 背景色

　　背景色中墙面占据人们视线的中心位置，往往最引人注目。

　　墙面采用柔和、舒缓的色彩，搭配白色的顶面及沉稳一些的地面，最容易形成协调的背景色，易被大多数人接受；与柔和的背景色氛围相反的，墙面采用高纯度的色彩为主色，会使空间氛围显得浓烈、活跃，很适合追求个性的年轻业主。

　　注意顶面、地面的色彩需要舒缓一些，这样整体效果会更舒适。

同一组物体不同背景色的区别

  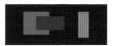

淡雅的背景色给人柔和、舒适的感觉　　　艳丽的纯色背景给人热烈的印象　　　深暗的背景色给人华丽、浓郁的感觉

 CMYK 90 62 18 0　　 CMYK 42 65 93 3　　 CMYK 74 93 50 0　　 CMYK 45 70 96 6

▲ 家具、装饰色彩不变，背景色为蓝色的空间显得清爽、自由；背景色为深紫色的空间具有浪漫、神秘的特质

2. 主角色

　　不同空间的主角有所不同，因此主角色也不是绝对的，但主角色通常是功能空间中的视觉中心。

　　例如，客厅中的主角是沙发，餐厅中的主角可以是餐桌也可以是餐椅，而卧室中的主角绝对是床。另外，在没有家具和陈设的大厅或走廊，墙面色彩则是空间的主角色。

CMYK
35 43 15 1

▶ 装饰镜为视觉中心，是整个玄关空间的主角

CMYK
54 42 34 0

▶ 客厅中沙发占据视觉中心和中等面积，是多数客厅空间的主角

CMYK
0 2 7 0

▲ 餐椅占据了绝对突出的位置，是开放式餐厅中的主角

CMYK
2 19 17 0

▲ 卧室中床是绝对的主角，具有不可替代的中心地位

　　主角色的选择通常有两种方式，想要产生鲜明、生动的效果，则可以选择与背景色或配角色成对比的色彩。

　　想要整体协调、稳重，则可以选择与背景色、配角色相近的同相色或类似色。

CMYK
21 87 1 0

CMYK
85 85 69 54

▲ 床为黑色，墙面为玫红色，主角色与背景色形成对比，给人的空间印象是具有活力

CMYK
21 87 1 0

CMYK
13 22 70 1

▲ 床为米黄色，墙面为玫红色，主角色与背景色配色相近，给人的空间印象温馨

3. 配角色

配角色的存在，是为了更好地衬托主角色，通常可以使空间显得更为生动、更有活力。

配角色与主角色搭配在一起，构成空间的"基本色"。

① 配角色的面积要控制

通常，属于配角色的物体数量会多一些，需要注意控制配角色的面积，不应超过主角色的面积。

✘ 配角色面积过大，主次不分明

✔ 缩小配角色面积，形成主次分明且有层次的配色

CMYK	CMYK
27 18 15 0	74 50 4 0

▲ 单人座椅的蓝色是空间中的配角色，虽然纯度较高，但由于面积占比少，不会压制作为主角色的沙发的灰白色，反而令空间配色显得十分生动

　　配角色通常与主角色存在一些差异，以凸显主角色。

　　若配角色与主角色形成对比，则主角色更加鲜明、突出；若配角色与主角色相近，则会显得松弛。

CMYK
21 87 1 0

CMYK
75 55 100 21

▲ 配角色与主角色存在明显的明度差，主角色更显鲜明、突出

CMYK
53 49 46 0

CMYK
69 56 100 19

▲ 配角色与主角色形成对比，既能加强配色层次又不破坏整体氛围

4. 点缀色

点缀色通常是一个空间中的点睛之笔，用来打破配色的单调。

对于点缀色来说，它的背景色就是它所依靠的主体。例如，沙发的色彩是沙发靠垫的背景色，墙壁的色彩是装饰画的背景色。因此，点缀色的背景色可以是整个空间的颜色，也可以是主角色或者配角色。

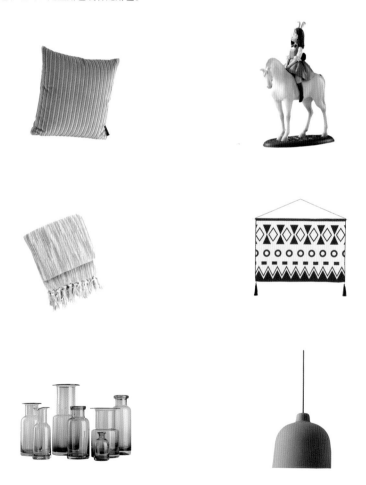

▲ 空间中常见的点缀色

在进行色彩选择时，通常选择与所依靠的主体具有对比感的色彩，以制造生动的视觉效果。若主体氛围足够活跃，为追求稳定感，点缀色也可与主体颜色相近。

CMYK
16 20 29 0

CMYK
7 22 86 0

CMYK
7 4 3 0

▲ 座椅色彩为米白色，花瓶、织物利用同色系做点缀，配色融合度很高

CMYK
100 95 51 10

CMYK
15 31 76 0

CMYK
22 18 14 0

▲ 沙发色彩为米白色，抱枕为纯度相对较高的蓝色，配色层次丰富

四、色相型配色

在进行空间配色时，仅使用一种色彩的情况是基本不存在的，通常情况下都会使用不少于三种色彩进行组合。所使用的色彩之间色相与色相的组合形式，就是色相型，不同的色相型组成的效果也不同，总体可以分为闭锁和开放两种类型。

1. 闭锁型色相型

闭锁型色相型包括同相型和近似型两种，这两种色相型的效果均比较内敛、平和，其中近似型要比同相型更开放一些。

同相型

同相型配色是典型的调和色，具有执着感，较容易取得协调效果，形成稳重、平静的空间氛围。同相型配色虽然没有形成颜色的层次，但形成了明暗层次。

近似型

近似型配色也是一种调和色搭配，这种配色关系比同相型配色的色相幅度有所扩大，仍具有稳定、内敛的效果，但会显得更加开放一些。适合喜欢稳定中带有一些变化的人群。

① 同相型

相同色相不同明度或纯度的色彩进行组合，即为同相型配色，如深红和浅红、深蓝和灰蓝等，是最具闭锁性的一种色相型。

■ CMYK	■ CMYK	■ CMYK	■ CMYK
27 52 69 0	27 98 100 0	88 86 0 0	49 100 100 0

▲ 深红与红橙形成相同型配色，沉稳又不会有单调感

② 近似型

以 12 色相环为例，将一种色相定位为基色，在相同冷暖的情况下，与其成 90° 角以内的色相均为类似色，组成的配色组合即为近似型。近似型色相型的开放程度比同相型有所增加，但仍具有闭锁性，具有内敛的效果。

CMYK
17 26 79 0

CMYK
31 51 35 0

▲ 儿童房的配色为同相型配色，温馨且富有变化

CMYK
16 20 19 0

CMYK
42 96 93 9

CMYK
33 74 92 0

▲ 红色与橙色为近似型配色，氛围活泼又不过于刺激

2. 开放型色相型

开放型色相型包括互补型和对比型、三角型和四角型以及全相型等几种色相型，它们的活泼感和开放性都强于闭锁型，依照开放的强度从低到高依次为对比型、互补型、三角型、四角型和全相型，所使用的色相数量越多，开放感越强。

互补型

如果把两种互补型颜色的纯度都设置得高一些，能够展现出充满刺激性的艳丽色彩印象。

对比型

对比型配色形成的氛围与互补型配色类似，但冲突性、对比感、张力降低，兼有对立与平衡的感觉。

三角型

三角型配色最具平衡感，具有舒畅、锐利又亲切的效果。最具代表性的是三原色组合，具有强烈的动感，三间色的组合效果则温和一些。

四角型

四角型配色可以营造醒目、安定，同时又具有紧凑感的空间氛围，比三角型配色更开放、活跃一些，是视觉冲击力最强的配色类型。

全相型

全相型配色是所有配色方式中最开放、华丽的一种，使用的色彩越多就越自由、喜庆，具有节日气氛。

① 互补型配色

互补型是指在色相环上位于 180° 相对位置上的色相组合，如红、绿，黄、紫，橙、蓝。由于色相差大，视觉冲击力强，因此可以给人以深刻的印象，也可以营造出活泼、华丽的氛围。

CMYK
68 5 17 0

CMYK
16 62 88 0

▲ 橙色和蓝色进行搭配，具有艺术化特征

CMYK
67 2 40 0

CMYK
35 96 48 0

▲ 红色和绿色形成的对决型配色，具有强烈的视觉冲击力

CMYK
33 53 100 0

CMYK
54 45 29 0

▲ 低明度的紫色与高纯度黄色，形成活跃而又优雅的感觉

② 对比型配色

对比型配色是指在色相冷暖相反的情况下，将一个色相作为基色，与120°左右位置的色相所组成的配色关系。

CMYK
38 100 100 14

CMYK
61 15 20 0

▲ 大面积蓝色空间中，用纯度较高的红色进行搭配，具有张力的同时，也不乏紧凑感与平衡感

CMYK
77 13 41 0

CMYK
0 79 93 0

▲ 用高纯度的橙色和绿色进行搭配，相对比红色与绿色的互补型搭配，刺激感削弱，缓和感增加

③ 三角型配色

　　三角型配色是指采用色相环上位于正三角形（等边三角形）位置上的三种色彩搭配的设计方式。只有三种在色相环上分布均衡的色彩才能产生这种不偏斜的平衡感。

CMYK
35 91 91 8

CMYK
88 13 9 0

CMYK
7 26 91 0

▲ 纯度较高的三原色搭配，空间配色给人的印象是鲜亮有活力

④ 四角型配色

四角型配色是指将两组互补型色彩或对比型搭配的配色方式，用更直白的公式表示可以理解为：互补型／对比型＋互补型／对比型＝四角型。

CMYK	CMYK	CMYK	CMYK
60 32 4 0	35 55 87 0	58 79 44 2	71 64 92 33

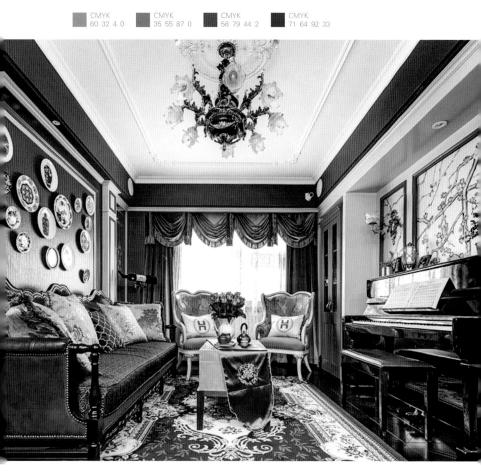

▲ 四角型配色令空间显得活泼、生动，为了避免配色过于刺激，可用无色系进行调和

⑤ 全相型配色

无冷暖偏颇地使用全部色相进行配色即为全相型色相型组合，通常使用的色彩数量有五种就会被认为是全相型。

CMYK
50 41 100 0

CMYK
83 47 100 10

CMYK
55 29 33 0

CMYK
55 79 16 0

CMYK
46 53 60 0

▶ 空间配色虽然为全相型，但由于色彩多为浊色，因此整体色彩不会显得过于激烈

CMYK
98 45 18 0

CMYK
9 35 96 0

CMYK
99 49 100 17

CMYK
46 100 97 18

CMYK
40 56 1 0

▲ 空间中运用了全相型配色，极具活力，同时用大面积白色进行搭配，令空间同时具有了通透感

五、色调型配色

色调是指色彩的倾向，是由明度和纯度的交叉构成的。明亮的色彩为明色调，暗沉的色彩为暗色调，明亮的暗色为淡浊色调，暗沉的灰色系为灰色调，鲜艳的纯色为纯色调，接近纯色的色彩为强色调等。

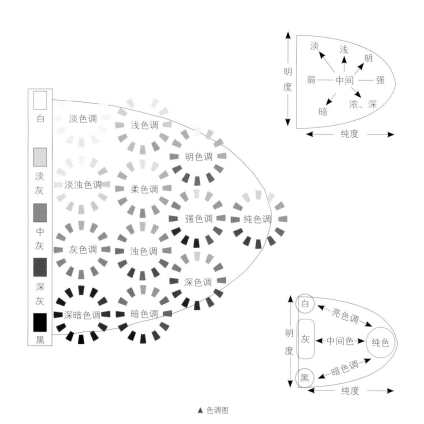

▲ 色调图

1. 纯色调

　　纯色调是没有掺杂任何白色、黑色或灰色的色调，因为没有混入其他颜色，因此最鲜艳、纯粹，具有强烈的视觉吸引力。

　　也正因为如此，纯色调会显得比较刺激，在空间中大面积使用时要注意搭配。

　　{情感意义：鲜明、活力、热情、健康、艳丽、开放、醒目}

CMYK
7 16 62 0

CMYK
12 96 87 0

◀ 黄色和红色纯色调的组合，活泼、富有个性

2. 明色调

纯色调中加入少量白色形成的色调为明色调，鲜艳度比纯色调有所降低，并减少了热烈与娇艳的程度。

同时，由于色彩中完全不含灰色和黑色，所以显得更通透、纯净，是一种深受大众喜爱的色调。

{情感意义：大众、天真、单纯、快乐、舒适、纯净}

CMYK
22 32 22 0

CMYK
9 7 7 0

▲ 明色调的粉色带有清新、爽朗的感觉

CMYK
58 27 29 0

CMYK
62 51 47 1

▲ 加入少量白色调的蓝增添了平和、舒适感

3. 强色调

纯色中加入少量黑色形成的色调为强色调，由健康的纯色和厚实的黑色组合而成，给人以力量感和豪华感。

与活泼、艳丽的纯色调相比，强色调更显厚重、沉稳和内敛，并带有品质感。

{情感意义：豪华、沉稳、内敛、动感、强力、厚重、疏离}

CMYK
71 57 64 0

CMYK
28 22 21 0

▲ 绿色加入少量黑色给人强烈的品质感

CMYK
83 69 42 4

CMYK
0 0 0 0

▲ 强色调蓝色沙发为无色系的空间增加力量感

4. 深色调

在纯色中加入些许黑色形成的色调为深色调，此类色调与浓色调非常接近，但又具有一些细微的变化，更稳重、素净一些。此种色调较为沉稳，适合追求沉稳空间效果的人群选用。

〔情感意义：稳重、沉稳、镇定、安稳、素净〕

CMYK
29 96 78 0

CMYK
62 82 80 44

CMYK
3 2 2 0

◀ 深色调红色既丰富了餐厅层次又不会过于刺激，整体效果沉稳而富有变化

5. 暗色调

　　纯色加入多一些的黑色就会形成暗色调，它是健康的纯色与具有力量感的黑色结合形成的，所以具有威严、厚重的效果，特别是暖色系，具有浓郁的传统韵味。特别适合古典软装风格的空间。

　　{ 情感意义：庄重、严穆、传统、持重、端庄 }

CMYK
62 82 81 54

CMYK
82 60 100 38

▲ 暗色调红色形成具有古典韵味的氛围

CMYK
61 74 72 27

CMYK
72 62 59 12

CMYK
9 10 7 0

▲ 大面积的暗色调使用，可以以白色进行调和，避免显得沉闷

6. 深暗色调

　　纯色加入大量黑色形成的色调为深暗色调，是所有色调中最威严、厚重的色调，融合了纯色调的健康感和黑色的内敛感。

　　深暗色调能够塑造出严肃、庄严的空间氛围。如果是暖色系暗色调，则具有浓郁的传统韵味。

　　{情感意义：坚实、复古、传统、结实、安稳、古老}

CMYK
85 69 56 19

CMYK
25 54 73 0

◀ 深暗色调墙面
使整体氛围变得更
加稳重、成熟

7. 浅色调

用纯色混入一些白色所形成的色调即为浅色调，纯色原有健康、活泼的感觉被大幅度削减，色彩感觉变得柔和、甜美而浪漫。现代风格软装、北欧风格软装、法式风格软装都比较适合。

〔情感意义：柔和、甜美、和善、素淡、温雅、幽雅〕

CMYK
28 12 10 0

CMYK
44 21 66 0

CMYK
0 0 0 0

▶ 浅色调蓝色营造出浪漫而甜美的室内氛围

 CMYK
28 12 10 0

CMYK
44 21 66 0

CMYK
0 0 0 0

▲ 浅色调的点缀，为白色系空间增加了柔和感

8. 淡色调

　　纯色调中加入大量白色形成的色调为淡色调，由于没有加入黑色和灰色，并将纯色的鲜艳度大幅度减低，因此显得如婴儿般轻柔。

　　这种色彩十分适合女性及儿童空间，可以表达出天真烂漫的家庭氛围。

{ 情感意义：童话、温和、朦胧、温柔、淡雅、舒畅 }

CMYK	CMYK	CMYK
39 18 25 0	47 22 20 0	1 0 0 0

▲ 淡色调的紫色与蓝色减少了冷静感，反而增添了淡雅和浪漫感

9. 柔色调

　　纯色加入少量灰色形成的色调为柔色调，兼具了纯色调的健康和灰色的稳定，能够表现出具有素净感的活力，以及都市感。

　　这种色调与纯色调相比刺激感有所降低，很适合表现高品位、有内涵的空间氛围。

{ 情感意义：格调、高雅、高端、都市、冷静、现代 }

CMYK
83 67 55 15

CMYK
6 31 40 0

▶ 柔色调蓝色塑造出高雅、素净且具有现代感的整体氛围

CMYK
80 76 68 43

CMYK
75 66 52 9

▲ 动感的曲面造型，搭配上柔色调的墙面色彩，简单直接地表现出都市感

10. 淡浊色调

在纯色中加入大量的高明度灰色，形成的色调即为淡浊色调。此种色调的感觉与淡色调接近，但比起淡色调的纯净感来说，由于加入了一点灰色，显得更优雅、高级一些。

{情感意义：高雅、内涵、雅致、素净、女性、高级}

CMYK
22 21 16 0

CMYK
41 18 19 0

◀ 淡浊色调的粉色与蓝色展现出素净、雅致的女性氛围

11. 浊色调

用纯色混入中明度的灰色，形成的色调就是浊色调。将纯色的活泼与中灰色的稳健融合，能够表现出兼具两者的特点，使空间具有素净的活力感，很适合表现自然、轻松氛围的软装。

{情感意义：朦胧、宁静、沉着、质朴、稳定、柔弱}

CMYK
80 69 43 3

CMYK
0 0 0 0

CMYK
89 86 79 71

◀ 浊色调的背景墙给无色系的空间增添自然的活力感

12. 灰色调

　　纯色加入深灰色形成的色调为灰色调，兼具了暗色的厚重感和浊色的稳定感，给人沉稳、厚重的感觉。

　　灰色调能够塑造出朴素且具有品质感的空间氛围，是一种比较常见的表达男性的色彩印象。

{**情感意义：朴素、安静、稳重、稳定、古朴、成熟**}

 CMYK
98 77 62 32
 CMYK
51 83 98 26

 CMYK
77 62 54 9
 CMYK
5 70 64 0
 CMYK
45 47 70 1

▲ 灰色调的背景墙使空间变得安静、古朴

▲ 灰色调调与橙色的组合，颇具高雅的情调

六、色彩的调和

色彩调和一般有两层含义：第一，色彩调和是色彩配色的一种形态，能使人感到舒适、美观的配色往往是色彩调和后的结果；第二，色彩调和是色彩搭配的一种手段，例如空间配色不和谐，就需要通过色彩调和来改善。

1. 色彩调和的意义

当两种及两种以上的色彩放在一起时，任何一个色彩都会被当作其他色彩的参照物，它们之间会出现色彩对比关系。色彩对比是绝对的，因为两种以上色彩在配置中，总会在色相、纯度、明度和面积等方面或多或少地有所差别，这种差别必然会导致不同程度的对比。

过分对比的配色需要加强共性来进行调和，例如在配色时明显感觉到其中一种色彩的力量过强、过弱时，就需要进行色彩调和。

2. 面积调和

面积调和与色彩三属性无关，而是通过将色彩面积增大或减少，来达到调和目的，使空间配色更加美观、协调。在具体设计时，色彩面积比例尽量避免 1：1 对立，最好保持在 5：3~3：1。如果是三种色彩，可以采用 5：3：2 的方式。但这不是一个硬性规定，需要根据具体对象来分配空间色彩。

1：1 的面积配色稳定，但缺乏变化

降低黑色的面积，配色效果具有了动感

加入灰色作为调剂，配色更加具有层次感

3. 重复调和

　　在进行空间色彩设计时，若一种色彩仅小面积出现，与空间其他色彩没有呼应，则空间配色会缺乏整体感。这时不妨将这一色彩分布到空间中的其他位置，如家具、布艺等，形成共鸣重合的效果，进而提高整体空间的融合感。

▲ 高纯度黄色座椅与其他色彩没有呼应，显得比较突兀，将灯具或靠枕变为相同黄色，会更有融合感

4. 秩序调和

秩序调和可以是通过改变同一色相的色调形成的渐变色组合，也可以是一种色彩到另一种色彩的渐变，例如红渐变到蓝，中间经过黄色、绿色等。这种色彩调和方式，可以使原本强烈对比、刺激的色彩关系变得和谐、有秩序。

同一色相的渐变　　　　　　　　　从一种色彩到另一种色彩的渐变

5. 同一调和

同一调和包括同色相调和、同明度调和，以及同纯度调和。其中，同色相的调和即在色相环中 60° 角之内的色彩调和，由于其色相差别不大，因此非常协调。同明度调和是使被选定的各种色彩明度相同，便可达到含蓄、丰富和高雅的色彩调和效果。同纯度调和是被选定色彩的各饱和度相同，基调一致，容易达成统一的配色印象。

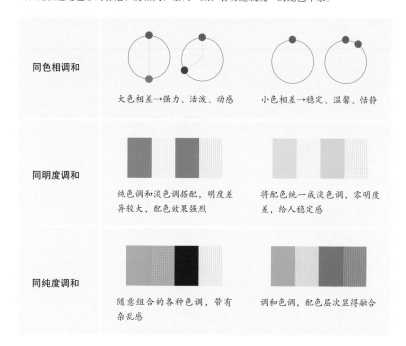

同色相调和

大色相差→强力、活泼、动感　　　小色相差→稳定、温馨、恬静

同明度调和

纯色调和淡色调搭配，明度差　　　将配色统一成淡色调，零明度
异较大，配色效果强烈　　　　　　差，给人稳定感

同纯度调和

随意组合的各种色调，带有　　　　调和色调，配色层次显得融合
杂乱感

6. 互混调和

在空间设计时，往往会出现两种色彩不能进行很好融合的现象，这时可以尝试运用互混调和。即将两种色彩混合在一起，形成第三种色彩，变化出来的色彩同时包含了前两种色彩的特性，可以有效连接两种色彩。这种色彩适合作为辅助色，用于铺垫。

▲ 将蓝色和红色互混得到玫红色，融合了蓝色的纯净，和红色的热情，丰富了配色层次，同时弱化了蓝色和红色的强烈对立性

7. 群化调和

群化调和指的是将相邻色面进行共通化，即将色相、明度、色调等赋予共通性。具体操作时可将色彩三属性中的一部分进行靠拢而得到统一感。在配色设计时，只要群化一个色组，就会与其他色面形成对比；另一方面，同组内的色彩因同一而产生融合。群化使强调与融合同时发生，相互共存，形成独特的平衡，使配色兼具丰富感与协调感。

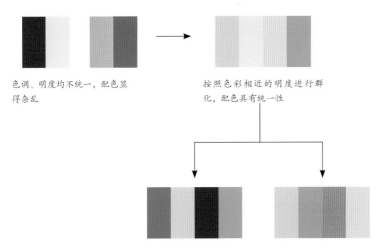

色调、明度均不统一，配色显
得杂乱

按照色彩相近的明度进行群
化，配色具有统一性

选取粉色和绿色群化为两种色
调，融合与对比共存

选取粉色和黄色群化为邻近
色，群化效果明显且整体融合

第二章
色彩与空间的关系

色彩是依附于物体而存在的……因此空间色彩也会因为空间载体的因素而有不同的变化，反之，空间色彩对于空间载体也会有不同的影响……

色彩是依附于物体而存在的……因此空间色彩也会因为空间载体的因素而有不同的变化；反之，空间色彩对于空间载体也会有不同的影响……。把握住色彩与空间载体的关系，可以起到调和空间氛围的作用。

一、影响空间配色的因素

色彩在空间中不是独立存在的，它会受到多方面的因素影响，这些因素影响着色彩效果的呈现，要掌握与这些因素和谐共存的技巧，才能设计出美观与实用一体的空间。

1. 面积

空间配色多种多样，每种色彩之间的面积大小也有差别。面积大且占据绝对优势的色彩，对空间配色印象具有支配性。

例如，在一个空间中，占据最大面积的是背景色，其中，墙面有着绝对的面积及地位优势，而主角色位于视线焦点，这两类色彩对空间整体配色的走向有绝对支配性。

三色均等，
优势不明显

蓝色占优势，
显得硬朗

红色占优势，
显得热情

CMYK
7 55 28 0

CMYK
0 0 0 0

▲ 由于粉色所占的比重比较大，所以空间具有甜美、梦幻感的印象

CMYK
68 21 27 0

CMYK
48 45 40 0

▲ 空间的墙面颜色为蓝色，所占的面积较大，呈现出清新、平和的氛围

2. 材质

色彩不能单独凭空存在，而是需要依附在某种材料上，才能够被人看到，在空间中尤其如此。在装饰空间时，可选材料千变万化，不同的材质，对色彩会产生或大或小的影响。

① **空间常见材质可以分为自然材质和人工材质。**

自然材质：非人工合成的材质，例如木头、藤、麻等。

> **优势：**此类材质的色彩较细腻、丰富，单一材料就有较丰富的层次感。
> **劣势：**缺乏艳丽的色彩。

人工材质：由人工合成的瓷砖、玻璃、金属等。

> **优势：**此类材料与自然材质相比，色彩更鲜艳。
> **劣势：**层次感单薄，质感不细腻、不自然。

黑胡桃餐椅

陶瓷器皿

不锈钢床头柜

藤编风灯

② 空间常见材质按照给人的视觉感受可以分为冷材料、暖材料和中性材料。

冷材料：玻璃、金属等给人冰冷的感觉，为冷材料。即使是暖色相附着在冷材料上时，也会让人觉得有些冷。

例如同为红色的陶瓷和树脂，前者就会比后者感觉冷硬一些

暖材料：织物、皮毛具有保温的效果，比起玻璃、金属等材料，使人感觉温暖，为暖材料。

即使是冷色，当以暖材质呈现出来时，清凉的感觉也会有所降低

中性材料：木、藤等材料冷暖特征不明显，给人的感觉比较中性，为中性材料。

采用这类材料时，即使是采用冷色相，也不会让人有寒冷的感觉

除了材质和冷暖，物体表面光滑度的差异也会给色彩带来变化。例如瓷砖，同样颜色的瓷砖，经过抛光处理的表面更光滑，反射度更高，看起来明度更高，粗糙一些的则明度较低。同种颜色的同一种材质，选择表面光滑与粗糙的进行组合，就能够形成不同明度的差异，能够在小范围内制造出层次感。

◀ 同样的浅色系的瓷砖，经过抛光处理后瓷砖更光滑，看起来明度更高，能够形成明亮干净的环境氛围；未经过抛光处理的瓷砖，反光度、明度都较低，呈现比较稳重、低调的氛围

3. 物品间距

　　不同色彩并置时，相互之间的距离越远，对比越弱。因为远处的物体会随着距离加大而变得模糊；相隔的距离到了一定程度时，颜色会很和谐；反之，近到一定程度，色彩对比会很强烈。所以色彩的位置变化也会带来色彩对比的变化。

① 物品位置影响色彩对比

　　随着色彩与色彩之间的接触越来越深入，颜色之间的对比也会越来越强烈。当颜色之间的距离合适时，会比较和谐；当颜色相互接触时，对比增强；当颜色互相切入时，色彩对比更强；当一种色彩包围了另一种色彩时，色彩之间的对比最强。

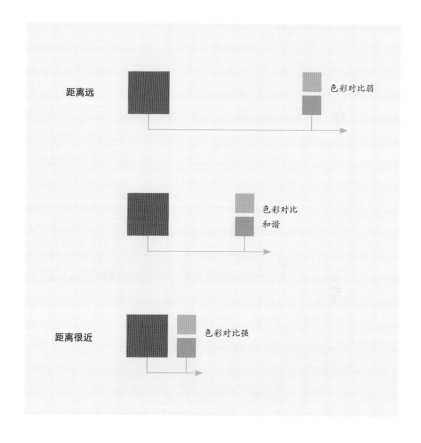

在空间配色时，若喜欢色彩对比强烈，主角色和附近的点缀色可以采用对比配色法；若想要弱化空间色彩对比关系，主角色和对面墙附近的点缀色可呈色彩对比。

以客厅为例，沙发色彩（主角色）和茶几色彩（配角色），形成一定的色彩对比，可以塑造出活力中又相对稳定的配色关系。

CMYK
60 43 28 0

CMYK
8 47 68 0

▲ 主角色与点缀色形成强烈对比

② 利用色彩强调视觉焦点

　　由于人眼的视觉生理特征，在观看空间的同一组物体时，往往会形成一个视觉中心，这些位置的色彩都会被强调、效果被放大，是视觉传达的焦点。在空间配色设计时，可以在这些位置做配色上的强化，从而加大空间色彩的表现力。

CMYK	CMYK	CMYK	CMYK
47 47 55 0	64 72 90 38	72 42 97 0	22 94 53 0

▲ 绿色沙发椅和红色靠枕是空间中最亮眼的配色，即空间的视觉中心

③ 空间照明

空间内的人工照明主要依靠 LED 灯和荧光灯两种光源。

这两种光源对空间的配色会产生不同的影响：

LED 灯： 节能环保，光色纯正，使用寿命较长。

荧光灯： 色温较高，偏冷，具有清新、爽快的感觉。

在暖色调为主的空间中，宜采用低色温的光源，可使空间内的温暖基调加强；在冷色调为主的空间内，主光源可使用高色温光源，局部搭配低色温的射灯、壁灯来增加一些朦胧的氛围。

◀ 越是偏暖色的光线，色温就越低，能够营造柔和、温馨的氛围；越是偏冷的光线，色温就越高，能够传达出清爽、明亮的感觉

另外可利用色温对空间配色和氛围的影响，在不同的功能空间采用不同色温的照明。

CMYK	CMYK	CMYK	CMYK
2 7 13 0	51 100 88 32	87 69 44 4	31 47 100 0

▲ 偏冷色光给人清新、爽快的感觉

高色温：清新、爽快，适合用在工作区域（书房、厨房、卫生间等）做主光源。

低色温：温暖、舒适，适合用在需要烘托氛围类的空间（客厅、餐厅）做主光源。而在需要放松的卧室中，也可以采用低色温的灯光，有促进睡眠的作用。

CMYK	CMYK	CMYK
60 69 83 26	84 59 82 28	31 22 63 0

▲ 偏暖色光给人温暖、舒适的感觉

二、色彩克服空间缺陷

空间难免会出现各种的问题，如采光不足、层高过低等，除了通过拆改进行室内解决外，色彩在一定程度上也具备克服空间缺陷的作用，可以从视觉上对空间大小、高低进行调整。

1. 采光不佳

空间的采光不好，可以通过色彩来增加采光度，如选择白色、米色等浅色系，避免暗沉色调及浊色调。

大面积的浅色系会很好地解决空间采光不足的问题，能够调节空间暗沉的光线。但大面积浅色地面，会令空间显得过于单调，因此可以在空间的局部加重点缀色。

白色系：在采光不好的空间中设计白色墙面，可以起到良好的补充光线的作用，使空间显得明亮、纯粹。

同一色调：同一色调的空间，会自然而然地扩大人们的视野，同时也能提高空间的亮度。最好采用亮色调，以有效化解户型缺陷。

采光不佳的空间适宜配色方案

蓝色系：蓝色系具有清爽、雅致的色彩印象，能够突破空间的烦闷氛围，也能有效地改善空间的采光。

黄色系：黄色系本身就具有阳光的色泽，非常适合采光不好的户型，可以从本质上克服户型的缺陷。

① 白色系

CMYK
14 8 6 0

CMYK
95 92 52 25

② 白色 + 浅木色

CMYK
14 8 6 0

CMYK
36 38 40 0

CMYK
38 27 20 0

③ 黄色系

CMYK
32 45 65 0

CMYK
12 9 12 0

CMYK
56 49 47 7

CMYK
42 98 100 8

④ 同一色调

CMYK
52 40 72 0

CMYK
86 67 96 54

CMYK
73 47 100 7

CMYK
64 53 66 5

⑤ 蓝色系

CMYK	CMYK	CMYK
4 1 0 0	49 20 4 0	63 52 51 0

⑥ 白色 + 蓝色

CMYK	CMYK
0 0 0 0	45 21 20 0

2. 层高过低

层高过低的户型会给人带来压抑感，给居住者带来不好的居住体验。而层高过低，又不能像层高过高的户型那样做吊顶设计，因此针对过低层高的空间，最简洁有效的方式就是通过配色来克服户型缺陷，其中以浅色吊顶的设计方式最为有效。

浅色吊顶 + 深色墙面：在层高较低的户型中，可以将吊顶刷成白色、灰白色或是浅冷色，这样的色彩可以在视觉上使吊顶显得比实际要高。

浅色系：浅色系相对于深色系具有延展感，用于层高过低的空间中，具有适当拉伸空间高度的效果。

层高过低的空间适宜配色方案

同色调深浅搭配：同一色相差构成的配色类型，可以用深浅不一的竖条纹来表现。同时，竖条纹本身具有延展性，可以在视觉上拉伸层高。

不同色调深浅搭配：不同色调的深浅搭配，其中的一种颜色最好为黑色、白色等无彩色系，这样的配色具有稳定的效果，不会使空间显得杂乱。

① 浅色吊顶+ 深色墙面

CMYK
89 85 83 74

CMYK
11 11 9 0

CMYK
34 28 82 0

② 同色调深浅搭配

CMYK
0 50 20 0

CMYK
0 83 68 0

CMYK
12 76 53 0

3. 空间狭小

　　想要把小空间"变大"，最好选择彩度高、明亮的膨胀色，可以从视觉上使空间更宽敞。

　　其中，白色是最基础的选择。另外，还可以用浅色调或偏冷色的色调，把四周墙面和吊顶，甚至细节部分都漆成相同的颜色，同样会使空间产生层次延伸的作用。

膨胀色：狭小空间的配色首选膨胀色，即明度、纯度高的颜色，可用作重点墙面的配色或工艺品配色。

浅色系：尽量采用浅色调，浅色给人一种扩大感，十分适用于窄小型空间。

狭小空间适宜配色方案

白色系：白色是明度最高的色彩，具有高"膨胀"性，能够使窄小的空间显得宽敞。

中性色：中性色是含有大比例黑或白的色彩，如沙色、石色、浅黄色、灰色、浅棕色等，这些色彩能带来扩大空间的视觉效果，常常用作背景色。

① 膨胀色

CMYK
26 33 89 0

CMYK
84 79 78 63

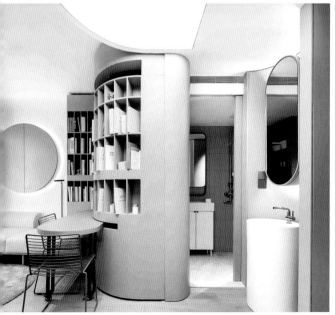

② 浅色系

CMYK
37 30 28 0

CMYK
39 41 43 0

4. 空间狭长

狭长户型的开间和进深的比例失衡比较严重，几乎是所有户型中最难设计的。因为有两面墙的距离比较近，且往往远离窗户的一面会有采光不佳的缺陷，所以墙面的背景色要尽量使用一些淡雅的、能够彰显宽敞感的后退色，使空间看起来更舒适、明亮。

白色 + 灰色：白色系的空间可以令狭长型空间显得通透、明亮，而灰色除了具备与白色类似的功能之外，还可以令空间显得更有格调。

彩色墙面（膨胀色）：狭长型可以利用膨胀色装饰主题墙，这样的设计是为了在空间中塑造出一个视觉焦点，从而弱化居住者对户型缺陷的关注。

狭长空间适宜配色方案

浅色系：在狭长型的空间中，可以为顶面、墙壁、家具和地面都选用同样的浅色材料，相同的颜色和质感，能够形成统一和谐的视觉效果，从而在无形中扩充空间的体量。

低重心配色：全部白色的墙面能够使狭长型的空间显得明亮、宽敞，弱化缺陷。

① 浅色系

CMYK
25 18 20 0

CMYK
12 24 49 0

CMYK
52 59 88 0

② 白色 + 灰色

CMYK
34 24 24 0

CMYK
58 60 66 8

CMYK
75 40 43 0

5. 空间不规则

可以将异形处的墙面与其他墙面的色彩进行区分，也可以用后期软装的色彩来做区别，背景墙、装饰摆件都可以破例选用另类造型和鲜艳的色彩。

在有些户型中，不规则的是玄关、过道等非主体部分，配色时在地面上可以适当进行一些色彩的拼接，以强化这种不规则的特点。

白色系 + 色彩点缀：白色系具有纯净、清爽的视觉效果，特别适用于不规则的小空间，能够弱化墙面的不规则形状。

色彩拼接：拥有不规则墙面的户型，也可以利用色彩的拼接来弱化空间的缺陷。如选择条纹形的壁纸来装饰墙面，形成设计亮点，使人忽视户型缺陷，这样的设计较适合追求特立独行的居住者。

不规则空间适宜配色方案

浅色吊顶 + 彩色墙面：浅色吊顶 + 彩色墙面较适合作为儿童房的阁楼配色，彩色的墙面符合儿童的心理需求，而浅色的吊顶则能中和彩色墙面带来的刺激感。

纯色墙面 + 深色地面：一般来说，墙面的色彩为纯色，地面的色彩为深色系，这样的配色可以使空间显得轻盈而富有个性。

① 白色系 + 色彩点缀

CMYK
28 20 15 0

CMYK
41 42 93 0

② 纯色墙面 + 深色地面

CMYK
20 15 16 0

CMYK
80 75 73 50

CMYK
41 77 91 5

三、色彩凸显空间重点

看 到一组配色时，只有主角色的主体地位明确，才能让人感觉舒适、稳定。而色彩的合理搭配运用，能够突出空间重点，使整个空间看上去更加协调。

1. 调整主角色纯度

当主角色的纯度比较高并且较为突出时，能够增强其与其他色彩角色的纯度差，鲜艳的色彩自然比灰暗的色彩更能聚焦视线，主角色主体的地位也就变得强势起来。

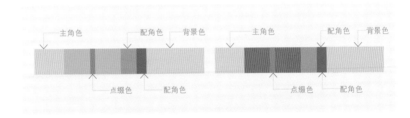

CMYK
12 12 12 0

CMYK
97 83 4 0

CMYK
0 97 96 0

CMYK
6 48 23 0

◀ 高纯度的蓝色
沙发聚集视线

2. 调整主角色明度

　　当主角色与背景色或配角色之间的明度差异较大时，形成的明暗对比能够强化主角色的主体地位。

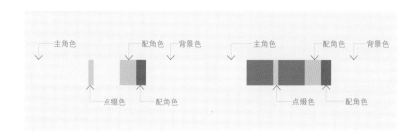

CMYK	CMYK	CMYK
12 12 12 0	97 83 4 0	46 78 100 15

▲ 深绿色沙发与鹅黄色墙面明度差异大，突出了沙发的主体地位

3. 增强色相型

　　色相越临近色相型的对比感越弱，在使用的色彩较少的情况下，感觉色相型不突出，可以改变主角色、配角色或点缀色的色相，通过增强配色的色相型来使主角色主体地位更突出。

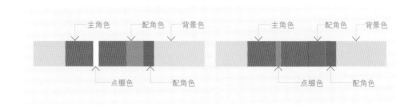

CMYK	CMYK	CMYK	CMYK	CMYK
4 3 3 0	92 90 78 72	27 79 79 0	12 28 73 0	72 43 96 3

▲ 通过增加黄色和绿色等色相，来突出主角色

4. 增加点缀色

　　主角色选择一些浅色或与背景色过于接近时，它的主体地位也容易不够突出。在不改变主角色的前提下，可以通过增加点缀色的方式来突出它的主体地位，增加点缀色不仅能够突出主角色，还能使整体配色更有深度。

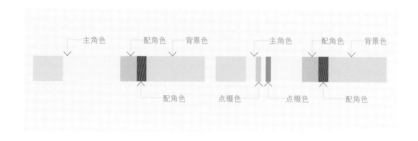

CMYK	CMYK	CMYK	CMYK	CMYK
4 3 3 0	92 90 78 72	27 79 79 0	7 5 83 0	72 43 96 3

▲ 增加高纯度的点缀色可以更突出主角色

四、色彩加强空间融合

空间中色彩搭配过于混乱，会降低空间整体感，而想要空间变得平和、稳定一些，可以采用靠近色彩的明度、色调以及添加类似或同类色、重复、群化、统一色阶等方式。

1. 调整色相差或明度差

当空间中所使用的色彩之间的色相差或明度差过大时，容易让人感觉刺激、不安，适当减小色彩之间的色相或明度差异，改变具有刺激感的色彩角色中较容易改动的一方，就能使配色效果更舒适。

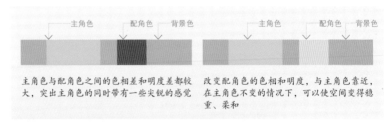

主角色与配角色之间的色相差和明度差都较大，突出主角色的同时带有一些尖锐的感觉

改变配角色的色相和明度，与主角色靠近，在主角色不变的情况下，可以使空间变得稳重、柔和

CMYK
59 47 39 0

CMYK
61 38 26 0

CMYK
87 72 39 2

CMYK
86 81 75 63

◀ 减小明度差，配色效果沉稳、高雅

2. 使色调靠近

　　同类色调给人的感觉是类似的，如淡雅的色调都柔和、甜美，因此，不想改变色相型组合时，可以改变所用色彩的色调使它们靠近，就能够融合、统一，塑造柔和的视觉效果。

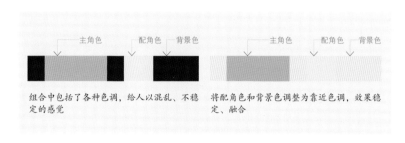

组合中包括了各种色调，给人以混乱、不稳定的感觉

将配角色和背景色调整为靠近色调，效果稳定、融合

CMYK	CMYK	CMYK	CMYK
69 69 69 27	39 31 27 0	56 64 82 14	27 21 20 0

▲ 座椅色调与墙面色调相似，可使空间具有更加稳定、融合的视觉效果

3. 添加同相色或近似色

当某种色彩数量少且与他色对比过于强烈的时候，添加与其为同相色或近似色的色彩，就可以在不改变整体感觉的同时，减弱对比的尖锐感，实现融合。

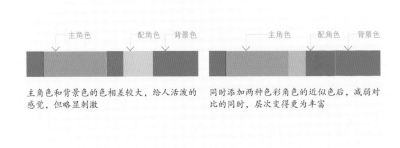

主角色和背景色的色相差较大，给人活泼的感觉，但略显刺激

同时添加两种色彩角色的近似色后，减弱对比的同时，层次变得更为丰富

CMYK	CMYK	CMYK	CMYK
49 89 65 10	64 31 99 0	26 73 96 0	75 19 57 0

▲ 主角色与背景色色色相差较大，添加蓝色和棕色，既减弱对比感，又丰富配色层次

4. 群化统一

　　对临近物体的色彩选择色相、明度、纯度等某一个色彩属性进行共同化，塑造出统一的效果就是群化。这种方式可以使空间的多种颜色形成独特的平衡感，同时仍然保留着丰富的层次感，但不会显得杂乱无章。

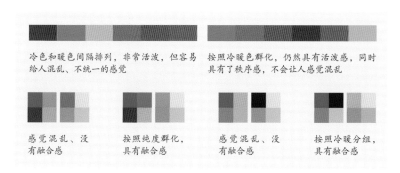

冷色和暖色间隔排列，非常活泼，但容易给人混乱、不统一的感觉

按照冷暖色群化，仍然具有活泼感，同时具有了秩序感，不会让人感觉混乱

感觉混乱、没有融合感

按照纯度群化，具有融合感

感觉混乱、没有融合感

按照冷暖分组，具有融合感

　CMYK　67 53 34 0　　　CMYK　24 48 24 0　　　CMYK　11 23 87 0　　　CMYK　84 52 59 5

▲ 冷色与暖色分组排开，减少凌乱感，增加融合感

第三章
色彩的情感意义

　　色彩在被人眼接收后，大脑会产生相应的色彩印象。每一种色彩都会有不相同的色彩印象，它们对应着不同的情感表达意义。在空间中合理地运用色彩来满足情感表达的需要，创造出符合氛围设计的色彩方案，是设计师必备的配色能力。

一、红色

情　感　意　义

红色是三原色之一，和绿色是对比色，其补色是青色。

象征：活力、健康、热情、朝气、欢乐，兴奋、激动。

运用：大面积使用纯正的红色容易使人产生急躁、不安的情绪。因此在配色时，纯正红色可作为重点色少量使用，会使空间显得富有创意。而将降低明度和纯度的深红、暗红等作为背景色或主色使用，能够使空间具有优雅感和古典感。

1. 色值表

鲜艳的红色系	品红 Magenta（热情）CMYK：C15 M100 Y20 K0	玫瑰粉 Rose-pink（女人味）CMYK：C0 M60 Y20 K0	浅淡的红色系
	洋红 Carmine（大胆）CMYK：C0 M100 Y60 K10	浓粉 Spinel-red（娇媚）CMYK：C0 M55 Y30 K0	
	宝石红 Ruby（富贵）CMYK：C20 M100 Y50 K0	紫红色 Opera-mauve（优美）CMYK：C10 M50 Y0 K0	
	玫瑰红 Rose-red（典雅）CMYK：C0 M95 Y35 K0	珊瑚粉 Coral-pink（温顺）CMYK：C0 M50 Y25 K0	
	山茶红 Camellia（微笑）CMYK：C0 M75 Y35 K10	火烈鸟 Flamingo（可爱）CMYK：C0 M40 Y20 K10	
	朱红 Vermilion（积极）CMYK：C0 M85 Y85 K0	浅粉 Pale-pink（雅致）CMYK：C0 M30 Y10 K0	
	绯红 / 绛红 Scarlet（生命力）CMYK：C0 M100 Y100 K0	贝壳粉 Shell-pink（纯真）CMYK：C0 M30 Y10 K0	
深暗的红色系	深红 Strong-red（华丽）CMYK：C0 M100 Y100 K10	淡粉 / 婴儿粉 / Baby-pink（美丽动人）CMYK：C0 M15 Y10 K0	
	绯红 Cardinal-red（威严）CMYK：C0 M100 Y65 K40	鲑鱼粉 Salmon-pink（有趣）CMYK：C0 M50 Y40 K0	
	酒红 Buraunby（充实）CMYK：C60 M100 Y80 K30	土红 Old-rose（柔软）CMYK：C15 M60 Y30 K15	

2. 配色方案

CMYK
33 97 37 0

CMYK
37 97 54 0

CMYK
17 91 42 0

CMYK
39 97 54 0

CMYK
18 96 90 0

① 鲜艳的红色系

　　鲜艳的红色作为光谱中波长最长的色彩，在空间中显得尤为突出。纯正红色无论单独使用，还是与蓝色、白色、绿色等亮色系结合使用，色彩组合辨识度均极强，能够表现出时尚、亮丽的风格特征。

▲ 红色与灰色搭配给人以低调的活力感

▲ 激情的红色与冷静的蓝色搭配，能够形成强烈的对比

▲ 红色沙发椅与黄色座凳搭配起来热烈而健康

② 深暗的红色系

　　暗色调红色，尤其是加入大量黑色的红色，相对于纯正的红色，更具有古典韵味，经常用在中式古典风格、美式风格、欧式风格中，但同样适用于现代风格，既可以作为背景墙配色，也可以作为主角色用于布艺沙发的配色之中。

◀ 深暗的红色点缀灰色系的中式客厅，充满古朴大气的韵味

◀ 暗色调红色床头背景墙为无色系卧室增添艺术感

▲ 暗红色软装的修饰提升了高雅的格调

▲ 暗红色的加入使整个客厅氛围变得摩登起来

③ 明度较高的粉色系

明度较高的粉色系具有梦幻、甜美的视觉感受，非常适合作为女儿房的背景色，再搭配其他不同色调的粉色，可以形成丰富的色彩层次。

另外，明度较高的粉色与浅蓝色、淡绿色、浅白色等组合，可以轻易体现出柔和、纯洁的格调，是法式风格、田园风格，以及单身女性空间经常用到的配色组合。

◀ 粉色与白色的组合
带有纯洁、可爱的味道

◀ 淡色调粉色与蓝色
搭配，清新柔和

▲ 灰色与粉色的组合，使空间既不会显得过于梦幻也不至于沉闷

④ 浊色调粉色系

浊色调粉色是指加入了灰色的粉色，其中较受欢迎的为淡山茱萸粉，相对明度较高的粉色，更加具有优雅、高级的品质感，经常出现在北欧风格、简欧风格的空间配色中，可以大面积使用。

◀ 浊色调粉色
与白色组合搭
配，更有成熟的
单纯感

◀ 浊色调粉色搭
配浅灰色，具有
优雅的女性感

▲ 利用浊色调粉色平衡无色系的冷硬感，使空间氛围变得柔和、温婉

二、黄色

情　感　意　义

黄色也是三原色之一，和紫色是对比色，互补色是蓝色。

象征：阳光、轻松、热闹、开放、欢乐、权贵、醒目、希望。

运用：黄色具有促进食欲和激发灵感的作用，非常适用于餐厅和书房中；因为其纯度较高，也同样适用采光不佳的空间。另外，黄色带有的情感特征，如希望、活力等，使其在儿童房中被较多使用。

1. 色值表

鲜艳的黄色系

深暗的黄色系

浅淡的黄色系

金盏花 Marigold（华丽）CMYK：C0 M40 Y100 K0

铬黄 Chrome-yellow（华贵）CMYK：C0 M20 Y100 K0

月亮黄 Moon-yellow（智慧）CMYK：C0 M0 Y70 K0

鲜黄色 Canarias-yellow（开放）CMYK：C0 M0 Y100 K0

黄土色 Ochre（温厚）CMYK：C0 M35 Y100 K30

卡机色 Khaki（田园）CMYK：C0 M30 Y80 K40

含羞草 巴黎金合欢 Mimosi（幸福）CMYK：C10 M15 Y80 K0

芥子 Mustard（乡土）CMYK：C20 M20 Y70 K0

茉莉 Jasmine（柔和）CMYK：C0 M15 Y60 K0

淡黄色 Cream（童话）CMYK：C0 M10 Y35 K0

象牙色 Ivory（简朴）CMYK：C0 M10 Y20 K0

香槟黄 Champagne-yellow（闪耀）CMYK：C0 M0 Y40 K0

2. 配色方案

CMYK	CMYK	CMYK	CMYK	CMYK
11 0 66 0	16 3 88 0	15 23 86 0	16 37 78 0	33 37 94 0

① 亮黄色系

亮黄色系与无彩色结合是一组可辨识性很强的颜色，容易打造出强烈的视觉效果，通常可以运用在简约风格、北欧风格或新中式风格中；与蓝色、白色组合则可以呈现出浓浓的地中海味道。

▲ 明黄色的座椅使简约的白色空间看起来更有精神

▶ 黄色与黑色的组合，氛围变得时尚、个性

▶ 黄色和蓝色的组合，容易营造出活泼的感觉

② 浊色调黄色系

如果觉得亮黄色系过于耀目，可以用加入黑色或灰色的浊色调黄色进行空间配色，同样可以形成醒目且具有张力的配色印象。其中，浊色调黄色与黑色搭配最具视觉冲击力，可以营造出考究的氛围。

▲ 浊色调的黄色降低了醒目感，增加了稳重感

▲ 浊色调黄色更有淳朴自然感，能很好地迎合地中海风格的需要

▲ 浊色调黄色的加入，使白色卧室变得更有张力但又不会过于刺激

③ 浅淡黄色系

　　浅淡的黄色系能够体现出温馨的色彩感觉。色调淡雅、不厚重，大面积使用不会压抑，能够营造出轻柔的色彩印象。以高明度、淡色调的色彩相衬托，色彩的对比度较低，整体的搭配具有协调感。

◀ 浅淡的黄色系软装给人带来放松、舒适的感觉

◀ 浅淡黄色大面积使用不会压抑，反而自然、柔和

▶ 浅棕色与浅黄色的搭配
充满了温馨、亲切的感觉

▶ 白色与淡黄色的组合营
造出轻柔的空间印象

三、橙色

情 感 意 义

橙色比红色的刺激度有所降低，比黄色热烈，是暖色系中最温暖的色相。

象征：明亮、轻快、欢欣、华丽、富足。

运用：橙色作为空间中的主色十分醒目，较适用餐厅、工作区、儿童房；用在采光差的空间，还能够弥补光照的不足。但需要注意的是，尽量避免在卧室和书房中过多地使用纯正的橙色，否则会使人感觉过于刺激，可降低纯度和明度后使用。

1. 色值表

浅淡的橙色系

鲜艳的橙色系

蜂蜜色 Honey-orange（轻快）CMYK：C0 M30 Y60 K0

橙色 Tangerine（生机勃勃）CMYK：C0 M80 Y90 K0

杏黄色 Apricot（无邪）CMYK：C10 M40 Y60 K0

柿子色 Persimmon（开朗）CMYK：C0 M70 Y75 K0

防染沙 Sandbegin（天真）CMYK：C0 M15 Y15 K10

橘黄色 Orange（美好）CMYK：C0 M70 Y100 K0

浅驼色 Sandy beige（纯朴）CMYK：C0 M15 Y30 K15

太阳橙 Sun-orange（丰收）CMYK：C0 M55 Y100 K0

浅土色 Pale-acre（温和）CMYK：C20 M30 Y45

热带橙 Tropical-orange（幻想）CMYK：C0 M50 Y80 K0

驼色 Camel（质朴）CMYK：C10 M40 Y60 K30

2. 配色方案

CMYK
53 81 100 23

CMYK
21 60 80 0

CMYK
11 72 76 0

CMYK
10 44 83 0

CMYK
0 84 93 0

① 鲜艳的橙色系

在环境中，鲜艳的橙色与暖灰色组合，在保持整体热情感的同时，显得十分大胆张扬；在使用橙色时很容易陷入廉价感，而与冷灰的组合，则可提升气质感，体现出阳光、友善的色彩印象；鲜艳的橙色大面积使用会显得过于刺眼，而与鲜艳的蓝色搭配会令橙色看上去更平和自然。

▲ 橙色和乳白色组合，不会显得过于激烈，更有时尚感

▶ 橙色与白色的搭配，再加上绿色的点缀，形成热情又自然的感觉

▶ 鲜艳的橙色让空间变得温馨而活跃

② 浅淡的橙色系

　　浅淡的橙色系能产生活力、诱人食欲，同时大面积运用在卧室、餐厅中也不会让人过于兴奋，从而影响人的情绪。浅淡的橙色系搭配同种色调的浅粉色、浅木色则令橙色不显刺激，反而能凸显出青春活力感；适量地点缀深蓝色能冲淡空间的甜腻之感，非常适合在餐厅、卧室中使用。

▲ 浅淡的橙色与白色组合，亮眼又充满活力

▶ 淡橙色作为点缀，没有过多的刺激感和甜腻感，反而显得温馨、柔和

◀ 浅淡的橙色系搭配乳白色的背景可呈现出自然、温馨的活力

四、蓝色

情 感 意 义

蓝色是三原色之一，对比色是橙色，互补色是黄色。

象征：理智、清爽、知性、公平博大、严谨、商务、高科技。

运用：在空间配色中，蓝色适合用在卧室、书房、工作间，能够使人的情绪迅速地镇定下来。在配色时可以搭配一些跳跃色彩，避免产生过于冷清的氛围。另外，蓝色是后退色，能够使空间显得更为宽敞，小房间和狭窄房间使用能够弱化户型的缺陷。

1. 色值表

浅天蓝色 Light sky-blue〔澄澈〕CMYK: C40 M0 Y10 K0	青金石色〔睿智〕CMYK: C95 M80 Y0 K0
水蓝色 Aqua-blue〔正义〕CMYK: C60 M0 Y10 K0	石青 Mineral-blue〔认真〕CMYK: C100 M70 Y40 K0
蔚蓝 Azure-blue〔爽快〕CMYK: C70 M10 Y0 K0	蓝绿 Cyan-blue〔清楚〕CMYK: C95 M25 Y45 K0
淡蓝 Baby-blue〔幻想〕CMYK: C30 M0 Y10 K10	天蓝 Cerulean-blue〔冷静〕CMYK: C100 M35 Y10 K0
翠蓝 Turquoise-blue〔平衡〕CMYK: C80 M10 Y20 K0	钴蓝 Cobalt-blue〔镇静〕CMYK: C95 M60 Y0 K0
鼠尾草 Salvia-blue〔洗练〕CMYK: C70 M50 Y10 K0	海蓝 Marine-blue〔时髦〕CMYK: C100 M60 Y30 K35
韦奇伍德兰 Wedgwood-blue〔生命力〕CMYK: C55 M30 Y0 K25	深蓝 Midnight-blue〔传统〕CMYK: C100 M95 Y50 K50

浅淡的蓝色系

复古的深蓝色系

2. 配色方案

CMYK
77 59 40 0

CMYK
76 41 41 0

CMYK
48 22 28 0

CMYK
88 66 0 0

CMYK
100 95 51 10

① 纯度较高的蓝色系

纯度较高的蓝色是类似天空晴天的颜色，可以彰显清爽、清透的空间氛围。这种色彩和无色系中白色、灰色搭配，可以令观者的心情感到十分放松。这样的色彩组合比较适合崇尚自由的地中海风格、田园风格、北欧风格，以及学龄前的男孩儿房中。

▲ 蓝白色的搭配，给人清爽、现代的感觉

▶ 高纯度蓝色与白色、棕色组合，形成爽快、自然的氛围

▶ 纯度较高的蓝色再加入绿色、浅木色做点缀，能令空间具有自然的活力

② 明度较高的蓝色系

明度较高的蓝色系更具女性化气息，可以体现出唯美、清丽的色彩印象。尤其和带有女性化的色彩搭配，如红色、粉色、果绿色、柠檬黄色等，可以塑造出或雅致、或亮丽的空间环境。

◀ 明度较高的蓝色背景色与浅木色形成淡雅、清净的氛围

◀ 明亮的蓝色床上单品，使卧室更有亮丽的女性感

▶ 加入更多白色的蓝色充满了淡雅、唯美的气息

▶ 高明度蓝色与白色组合，不会有过于冷静的感觉，反而显得更加清丽

③ 浊色调蓝色系

加入不同分量的灰色形成的浊色调蓝色，更具品质感，无论用于墙面还是主体家具，均能为空间奠定出雅致、闲逸的格调。

▲ 浊色调蓝色充满着淡雅、精致的品质感

▲ 浊色调蓝色背景色的加入，使空间看上去更有了质感

▲ 微浊蓝色与白色砖墙形成明与暗的对比，充满了爽朗感

④ 深暗蓝色系

多数情况下蓝色所具有的是一种冷静而理智的美丽，但如果在纯色调的蓝色中加入黑色，形成深暗色调的蓝色，则具有了高贵、轻奢的视觉感受。

▲ 深暗色调的蓝色背景墙与绿色系搭配，具有复古美感

▲ 深暗色调的蓝色与其他深暗色调组合，能使人感受到雅致而高贵的气质

▲ 米白色与深暗蓝色的搭配，清爽中不失深远

五、绿色

情 感 意 义

绿色是介于黄色与蓝色之间的复合色，是大自然界中常见的颜色。

象征：自然、生机、安全、新鲜、和平、舒适、希望、轻松。

运用：在空间配色时，一般来说绿色没有使用禁忌，但若不喜欢空间过于冷调，应尽量少和蓝色搭配使用。另外，大面积使用绿色时，可以采用一些具有对比色或补色的点缀品来丰富空间的层次感，如绿色和相邻色彩组合，给人稳重的感觉；与补色组合，则会令空间氛围变得有生气。

1. 色值表

黄绿色 Yellow-green〔虫虫〕CMYK：C30 M0 Y100 K0	钴绿 Cobalt-green〔自然〕CMYK：C60 M0 Y45 K0
苹果绿 Apple-green〔新鲜〕CMYK：C45 M10 Y100 K0	翡翠绿 Emerald-green〔希望〕CMYK：C75 M0 Y75 K0
嫩绿 Fresh-leaves〔快活〕CMYK：C40 M0 Y70 K0	碧绿 Turquoise-green〔协调〕CMYK：C70 M10 Y50 K0
叶绿色 Foliage-green〔成长〕CMYK：C50 M20 Y75 K10	灰绿 Celadon-green〔潇洒〕CMYK：C55 M10 Y45 K10
草绿色 Grass-green〔柔和〕CMYK：C40 M10 Y70 K0	孔雀石绿 Malachite-green〔和平〕CMYK：C85 M15 Y80 K10
苔绿色 Moss-green〔柔和〕CMYK：C25 M15 Y75 K45	薄荷 Mint〔痛快〕CMYK：C90 M30 Y80 K50
橄榄绿 Olive〔诚意〕CMYK：C45 M40 Y100 K50	碧色 Viridian〔温情〕CMYK：C90 M35 Y70 K30
常青藤色 Ivy-green〔安心〕CMYK：C70 M20 Y70 K30	孔雀绿 Peacock-green〔品格〕CMYK：C100 M30 Y60 K0

低纯度的绿色系

高纯度的绿色系

2. 配色方案

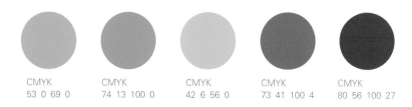

CMYK
53 0 69 0

CMYK
74 13 100 0

CMYK
42 6 56 0

CMYK
73 41 100 4

CMYK
80 56 100 27

① 纯度较高的绿色系

纯度较高的绿色系可以充分彰显出生机，令人联想到森林、草原等大自然风景，因此非常适合用于田园家居的配色，被广泛运用在墙面、布艺中。另外，由于绿色所具有的情感意义，如希望、生机等，在儿童房中也十分适用。

▲ 高纯度绿色与黄橙色搭配，可添加欣欣向荣的活力感

▶ 以纯度较高的绿色作为背景色，能够营造出自然的感觉

▶ 高纯度绿色与白色搭配，干净、明亮

② 明度较高的绿色系

　　明度较高的绿色系相对来说，显得更加柔和、鲜嫩。在室内设计时，多用于墙面作为背景色，体现生机感的同时，可以令室内环境更显通透、明亮。

▲ 白色与高明度绿色组合，纯净氛围中又带有清新感

▲ 深棕色和白色为主的空间，以高明度绿色调和，增加了清爽感

▲ 高明度绿色的加入增加了自然感

③ 深暗绿色系

　　偏深暗的绿色系，常见的色相有祖母绿、孔雀绿等，这一类型的绿色少了生机感，多了复古韵味，常被用于简欧风格的空间之中，体现出高级的品质，也同样适用于高雅的女性空间。

▲ 深暗绿色和棕色组合，充满大自然之力

▲ 深暗绿色作为背景色，可以为空间奠定优雅、复古的基调

▲ 暗绿色与红色的对比，降低了视觉冲击力，增加层次感

④ 青绿色系

　　青绿色是夹在青色和绿色中间的色彩，融合了绿色的健康和蓝色的清新。但在自然界中这种色彩并不多见，会给人较强的人工感。这也使它在保留自然颜色原有特点的同时，又具有其他特殊的情感，如能体现冷静、清新。

◀ 青绿色与白色搭配，降低沉闷感，增加优雅感

六、紫色

情　感　意　义

紫色由温暖的红色和冷静的蓝色调和而成，是极佳的刺激色。

象征：优雅、别致、高贵、神圣、成熟、神秘、浪漫、端庄。

运用：深暗色调的紫色不太适合体现欢乐氛围的空间，如儿童房；另外，男性空间也应避免艳色调、明色调和柔色调的紫色；而纯度和明度较高的紫色则非常适合法式风格、简欧风格等凸显女性气质的空间。

1. 色值表

浅淡的紫色系

铁线莲 Clematis（风雅）CMYK：C60 M65 Y0 K10

丁香色 Lilac（清香）CMYK：C30 M40 Y0 K0

薰衣草色 Lavender（品格）CMYK：C40 M50 Y10 K0

紫罗兰色 Mineral Violet（怀旧）CMYK：C20 M30 Y10 K10

兰花色 Orchid（温和）CMYK：C0 M50 Y0 K40

浅莲灰 Pale-lilac（萌芽）CMYK：C0 M10 Y0 K10

锦葵色 Mallow（妖精）CMYK：C15 M70 Y0 K0

灰紫 Lvy-green（安心）CMYK：C25 M35 Y10 K30

鲜艳的紫色系

紫藤色 Wisteria（风雅）CMYK：C60 M65 Y0 K10

淡紫色 Mauve（神秘）CMYK：C60 M75 Y0 K0

紫水晶色 Amethyst（直觉）CMYK：C60 M80 Y20 K0

紫色 Purple（神圣）CMYK：C50 M85 Y0 K0

香水草色 Heliotrope（高尚）CMYK：C65 M100 Y20 K10

三色堇 Pansy（思虑）CMYK：C35 M100 Y10 K30

2. 配色方案

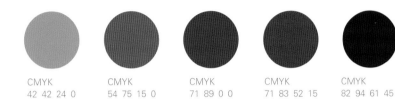

CMYK	CMYK	CMYK	CMYK	CMYK
42 42 24 0	54 75 15 0	71 89 0 0	71 83 52 15	82 94 61 45

① 纯度较高的紫色系

纯度较高的紫色系带有高雅、奢丽的情感意义，用于室内设计中，给人一种高端的距离感，因此不太适合小面积空间大量使用。这类紫色如果与米灰色结合使用，能够加深品质感。

▲ 高纯度紫色搭配少量绿色，则空间的女性化特征更为明显，带有惊艳的视觉感受

▲ 高纯度紫色背景色与红色、绿色组合，对比又融合，整体氛围具有个性

▲ 纯度较高的紫色与蓝色系搭配，冷静但不显得冷硬

② 明度较高的紫色系

明度较高的紫色系降低了人的距离感，显得更加柔和、馨雅，常作为带有艺术气质的女性空间配色。这类紫色由于少了高冷气质，因此在儿童房中也被广泛运用。

◀ 高明度紫色
搭配白色，可以
凸显甜美气息

◀ 高明度的紫
色软装与米白色
背景形成淡雅、
浪漫的氛围

▲ 明度较高的紫色搭配亮色调的黄色、绿色更添活力

③　微浊色调的紫色系

微浊色调的紫色系即通常所说的"丁香紫"，在紫色系中饱和度较浅，与其他色调的紫色相比，这类紫色更具时尚气息，可以将女性气质中的优雅、浪漫表现得淋漓尽致。

◀ 微浊色调的紫色充满了令人宽慰的柔和感，可以让人尽情地放松

④ 深暗色调的紫色系

　　深暗色调的紫色系带有神秘、性感、华丽的气质，是成熟女性比较偏爱的一种色彩。在空间色彩搭配时，常用于布艺之中，如果是天鹅绒、锦缎材质，则更能体现出色彩华贵的特质。

◀ 不同层次的紫色搭配，更有成熟都市感

◀ 深暗紫色与同样深暗色搭配，彰显出神秘、稳重的格调

▶ 深暗紫色与白色搭配，形成神秘而又华丽的视觉效果

▶ 深暗紫色和金色搭配，能够塑造出非常奢华的空间印象

七、白色

情 感 意 义

白色是一种包含光谱中所有颜色光的色彩，通常被认为是"无色"的。

象征：和平、干净、整洁、纯洁、清雅、通透、畅快、明亮。

运用：由于白色的明度较高，可以在一定程度起到放大空间的作用，因此比较适合小户型；在以简洁著称的简约风格中，以及以干净为特质的北欧风格中，会较大面积使用。

1. 色值表

白 CMYK：C0 M0 Y0 K0

石竹色 CMYK：C22 M22 Y29 K10

生成色 CMYK：C5 M4 Y9 K0

象牙色 CMYK：C7 M9 Y16 K0

灰白 CMYK：C18 M15 Y25 K0

乳白色 CMYK：C21 M13 Y16 K0

白色系列

2. 配色方案

CMYK
0 0 0 0

CMYK
7 5 5 0

CMYK
6 4 9 0

CMYK
7 8 15 0

CMYK
19 11 15 0

① 白色主色 + 无彩色

以白色为主色调，搭配无彩色中的黑色和灰色，可以营造出更多层次的空间环境。例如，白色与黑色搭配，空间印象简洁、利落，又不失高级感；白色与灰色搭配则能创造出高品质、格调雅致的空间氛围。

▲ 整体白色系空间，简洁、明快

▶ 白色背景色与深灰色主角色组合，带来沉稳、内敛的空间效果

▶ 白色为主色，以少量黑色点缀，氛围干净又能突出空间特点

② 白色主色 + 有彩色

　　白色为主色搭配有彩色，则能创造出更加丰富多样的空间印象。例如，白色搭配冷色可以营造清爽、干净的空间氛围；白色搭配暖色可以营造通透中不乏暖意的空间氛围；白色搭配多彩色则可以令空间变得具有艺术化特征。

▲白色系空间以金色、黄色做点缀，典雅、精致

▲ 黄色点缀为白色系的空间增加亮点

◀ 娇嫩的红色和清淡的蓝色与白色组合，具有清爽、简单的美感

八、黑色

情 感 意 义

黑色基本上定义为没有任何可见光进入视觉范围，和白色相反。

象征： 庄重、力量、重量、高级、深沉、安宁、稳定、夺目。

运用： 黑色在空间中若大面积使用，一般用来营造具有冷峻感或艺术化的空间氛围，如男性空间，或现代时尚风格的空间较为适用。

1. 色值表

纯黑色 CMYK：C0 M0 Y0 K100

黑棕色 CMYK：C80 M100 Y100 K30

纯黄黑色 CMYK：C0 M0 Y100 K100

纯蓝黑色 CMYK：C100 M0 Y0 K100

混黑色 CMYK：C100 M100 Y100 K0

纯黑红色 CMYK：C0 M100 Y0 K100

绿黑色 CMYK：C90 M70 Y100 K30

土黑色 CMYK：C80 M80 Y100 K50

紫黑色 CMYK：C90 M100 Y70 K30

蓝黑色 CMYK：C100 M90 Y60 K50

黑色系列

2. 配色方案

CMYK
88 82 69 52

CMYK
86 81 81 68

CMYK
84 84 84 74

CMYK
93 88 89 80

① 黑色主色 + 无彩色

黑色作为背景色或主角色，占据空间主导地位时，可以塑造出稳定的空间氛围。但其他装饰、家具等色彩最好采用白色、米色、灰色来进行调剂，利用此种色彩明度对比的方式，可以避免大面积黑色带来的压抑感。

▲ 黑色背景色加入白色与棕色，既不会显得沉闷又能保持稳定感

▶ 黑色与灰色搭配，充满男性硬朗感

▶ 黑色与白色通过简单的组合就能产生出理性、现代感

③ 黑色主色 + 有彩色

　　黑色为主色搭配有彩色，能够塑造出具有艺术化氛围的空间环境。但有彩色的色调一般要保持在纯色调、暗浊色调的范围内，才能够形成和谐的配色基调。其中，黑色和暖色系搭配最易造成视觉冲击，令人眼前一亮。

▲ 黑色与红色的搭配既喜悦活泼，又多了一份沉稳

▲ 蓝色中和掉黑色的沉闷感，使空间氛围变得明快起来

▲ 黑色与暗绿色的组合，充满了有质感的现代氛围

九、灰色

情　感　意　义

　　灰色是介于黑色和白色之间的一系列颜色，可以大致分为浅灰色、中灰色和深灰色。

　　象征： 高雅、高级、温和、考究、谦让、中立、科技。

　　运用： 在空间设计中，高明度灰色可以大量使用，大面积纯色可体现出高级感，若搭配明度同样较高的图案，则可以增添空间的灵动感。虽然灰色适用于大多空间设计，但在儿童房、老人房中应避免大量使用，以免造成空间过于冷硬。

1. 色值表

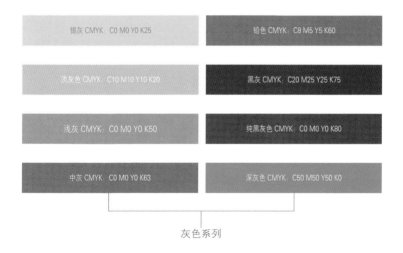

银灰 CMYK：C0 M0 Y0 K25

铅色 CMYK：C8 M5 Y5 K60

浅灰色 CMYK：C10 M10 Y10 K20

黑灰 CMYK：C20 M25 Y25 K75

浅灰 CMYK：C0 M0 Y0 K50

纯黑灰色 CMYK：C0 M0 Y0 K80

中灰 CMYK：C0 M0 Y0 K63

深灰色 CMYK：C50 M50 Y50 K0

灰色系列

2. 配色方案

CMYK	CMYK	CMYK	CMYK	CMYK
12 9 9 0	23 17 17 0	37 32 30 0	63 56 53 2	77 72 72 42

① 浅灰色

浅灰色更趋近于白色，因此具备明亮、洁净的特征，既可以和其他无彩色进行搭配，营造出高级感的空间氛围，也可以和亮丽的有彩色结合，塑造出高品质的空间环境。浅灰色在空间中广泛适用于法式风格、简欧风格、北欧风格、现代风格等。

▲ 浅灰色与墨绿色的组合呈现出低调的华丽感

▲ 白色搭配浅灰色，使明亮的空间不仅多了一份人性化也多了一份浪漫

② 中灰色

中灰色是介于浅灰色和深灰色之间的色彩，显得更加沉稳，因此更适用于体现男性特征的空间，例如直接展现裸露的水泥墙面，为空间带来工业、现代气息。在材质的搭配上，可以用木质、皮革、布艺来弱化灰色带来的冷硬感。

▲ 中灰色与黑色搭配，十分适合成熟男性，能够凸显出硬朗气质

▲ 中灰色加入白色搭配，相比浅灰色更有现代感和未来感

▲ 中灰色空间搭配色彩鲜亮的小物件，视觉效果惊艳

③ 深灰色

深灰色是趋近于黑色的色彩，因此具备黑色的庄重、大气。这种色彩如果大量运用在墙面上，难免会显得沉重、压抑，但若空间中的软装饰品采用其他色相与之搭配，则能有效缓解这一状况。例如，在深灰色空间中，加入浊色调的红色及木色进行调剂，就能营造出一种古雅的空间格调。

▲ 深灰色与黑色组合，形成了稳定而又低调的配色效果

▲ 深灰色软装给人一种平静的质感，搭配白色能够加强沉静感

▲ 金色家具使深灰色的空间多了现代感和精致感

十、金色

情 感 意 义

金色是一种辉煌的光泽色，具有极其醒目的作用和绚烂感。

象征：高贵、光荣、华贵、辉煌、华丽、光明。

运用：金色本身非常亮，使用搭配的时候需要用暗色、沉色才能够压得住，否则整个空间都会缺乏质感，没有亲切感。在家具和其他装饰材料的搭配选择上，尽量不要使用太过通透、反光的材质，否则会有喧宾夺主之感。

1. 色值表

四色防青金色 CMYK：C22 M30 Y75 K8

金色 CMYK：C4 M21 Y87 K0

金色 CMYK：C0 M20 Y100 K20

青金黄 CMYK：C5 M20 Y70 K0

金色 CMYK：C0 M20 Y60 K20

古黄铜 CMYK：C20 M40 Y90 K0

金色系列

2. 配色方案

CMYK	CMYK	CMYK	CMYK	CMYK
42 41 71 0	47 47 93 0	37 41 87 0	50 48 73 1	42 41 71 0

① 高明度和高饱和度的金色

明度与饱和度极高的金色，明艳、亮丽，与黑色结合可以得到清晰、整洁的效果，而与白色搭配，也能带来温暖、明亮的印象。

▲ 高明度金色与黄色系搭配，可以为空间增加平和气息

▲ 金色与墨绿色的组合，带有复古而张扬的美感

▲ 高饱和度金色和白色搭配，充满高雅的贵族气息

▲ 高纯度的金色与红色系碰撞，彰显出女性般的浪漫、雅致感

② 稳重质感的金棕色

金棕色降低了金色的炫目与华丽，反而有一丝内敛和成熟气质。与浅色系搭配，会有典雅、高贵的视觉效果，将虚浮的华丽感转化成优雅的气质感；如果与深色系搭配，则会形成更加稳重且不低调的空间氛围。

◀ 金棕色与灰色组合，将内敛与尊贵融合，展现恰到好处的贵气

◀ 深灰色与金棕色搭配在一起，具有现代感

▲ 棕色系空间以金棕色点缀，既不显得突兀又有视觉亮点

▲ 金棕色与粉色搭配，展现出独特的浪漫、优雅的女性感

十一、银色

情 感 意 义

银色介于白和灰之间，是一种百搭色。

象征：高尚、尊贵、纯洁、永恒、理性、冷静。

运用：银色能为平凡的空间带来闪亮、时髦的效果。清冷迷人的银色调比灰色更加闪耀，又比绚烂色彩更加优雅。

1. 色值表

银色 CMYK：C10 M0 Y0 K30

银色 CMYK：C20 M15 Y14 K0

银色 CMYK：C5 M0 Y0 K30

银灰 CMYK：C0 M0 Y0 K25

银色系列

2. 配色方案

CMYK
29 22 21 0

CMYK
44 36 33 0

CMYK
36 31 30 0

CMYK
57 54 50 0

银色系

与华丽、张扬的金色相比，银色冷艳的气质也让人格外迷恋。与棕色、褐色、金色搭配能够平衡空间的清冷感。与深灰色、蓝色搭配，更能塑造出闪耀的时髦感。

▲ 白色系空间以银色点缀，更富有变化性

▶ 银色的软装点缀使整个空间充满了简洁的艺术感

▶ 银色与灰色的组合，极具现代时尚感

第四章
风格配色

　　风格的形成除了在物体形态上有明显的差异，在色彩的运用上也有着很大的区别。掌握常见风格的配色要点，抓住风格的配色精髓，可以使空间展现最基本的风格感，不会出现过大的偏差。

一、现代风格

现代风格起源于 20 世纪初，因包豪斯学派的创立而得以传播，提倡突破传统、创造革新。配色设计方面一个显著的特点是会紧跟时尚潮流，但不盲目，而是提取潮流中的经典色，运用到空间中，强调创新、大胆与个性。

1. 配色要点

若追求冷酷和个性的室内氛围，可全部使用黑、白、灰进行配色；若喜欢华丽、另类的室内氛围，可采用强烈的对比色，如红配绿、蓝配黄等配色。

2. 配色表

黑白灰组合

CMYK	CMYK	CMYK
0 0 0 100	0 0 0 0	0 0 0 40

仅利用黑、白、灰三色组合，效果冷静。其中，若白色为主色，空间氛围经典、时尚；若黑色为主色，空间氛围神秘、沉稳；若灰色为主色，空间氛围干净、利落。

对比配色

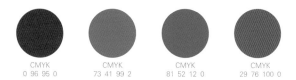

CMYK	CMYK	CMYK	CMYK
0 96 95 0	73 41 99 2	81 52 12 0	29 76 100 0

强烈的对比色可以创造出特立独行的个人风格，也可以令室内环境尽显时尚与活泼。其中，利用双色相对比 + 无彩色，冲击力强烈；利用多色相对比 + 无彩色，配色活泼、开放，使用纯色的张力最强。

3. 配色方案

① 无彩色

☐ CMYK
0 0 0 0

■ CMYK
0 0 0 100

◀ 黑色为主色，给
人神秘、深沉的硬
朗感

CMYK
0 0 0 0

CMYK
0 0 0 100

CMYK
56 52 46 1

◀ 以白色为主色，加入黑灰色作为调剂，减少白色带来的单调感，突出现代感

CMYK
51 40 35 0

CMYK
76 70 65 29

◀ 灰色为主色，散发着考究、雅致的现代感

CMYK
0 0 0 0　　CMYK
0 0 0 100

▲ 经典的黑白色搭配，营造出简洁、利落的都市氛围

② 无彩色 + 金属色

CMYK
0 0 0 0

CMYK
21 15 16 0

CMYK
42 43 79 0

◀ 金属色背景墙打造出个性时尚的空间氛围，搭配上灰色墙面，显得独特而考究

CMYK
0 0 0 0

CMYK
0 0 0 100

CMYK
17 25 70 1

CMYK
8 37 13 0

◀ 金色与黑色搭配，对比强烈，效果时尚又突出

CMYK
0 0 0 0

CMYK
34 27 27 0

CMYK
0 0 0 100

CMYK
19 31 48 0

▶ 无彩色空间以银色摆件装饰，可以增添科技感，使配色的个性感更强

CMYK
59 60 92 14

CMYK
29 23 20 0

CMYK
54 64 71 9

▶ 金属色墙面线条与棕色家具形成精致而又个性的奢华感，低调而又时尚

③ 棕色系

CMYK
0 0 0 0

CMYK
71 69 73 34

CMYK
40 43 54 0

CMYK
0 0 0 100

◀ 棕色系作为背
景色和主角色大量
使用，营造出具有
厚重感和亲切感的
现代空间

CMYK
23 17 18 0

CMYK
50 73 77 13

CMYK
0 0 0 100

◀棕色沙发给无彩
色客厅带来稳重感

CMYK
13 11 12 0   CMYK
31 46 53 0   CMYK
0 0 0 100

▲ 茶色家具的使用可以提升空间的现代感

④ 对比型配色

CMYK	CMYK	CMYK	CMYK
97 80 51 17	25 74 92 0	48 47 49 0	40 50 80 0

▲ 强烈的对比色，可以创造出特立独行的个人风格，彰显时尚、活泼的环境

CMYK
13 11 12 0

CMYK
28 35 45 0

CMYK
37 100 91 4

CMYK
76 49 100 9

▲ 空间中的家具、配饰等形成色彩对比，可以打破空间的单调感

二、简约风格

简约风格注重空间的使用功能，主张以实用为设计原则，力求以个性化、简单化的方式塑造舒适。配色设计方面，通常是以无彩色系作为大面积主色使用，搭配亮色进行点缀。高饱和度的色彩也是较为常用的，这些色彩大胆而灵活，不单是对简约风格的遵循，也是个性的展示。

1. 配色要点

简约风格的精髓是简约而不简单，配色也遵循风格特点，多采用黑、白、灰为主色，以简胜繁。若想呈现活泼的空间氛围，可以在无彩色系的背景色下，使用一些彩色色相进行组合。

2. 配色表

白色 + 彩色点缀

CMYK
0 0 0 0

CMYK
3 32 90 0

CMYK
100 99 56 11

CMYK
74 41 100 2

简约风格中的白色十分常见，可与任何色彩搭配。若塑造温馨、柔和感，可搭配米色、棕色等暖色；若塑造活泼感，需要强烈的对比，可搭配艳丽的纯色，如红色、黄色、橙色等；若塑造清新、纯真的氛围，可搭配明亮的浅色。

白色 + 黑色 / 灰色点缀

CMYK
0 0 0 0

CMYK
0 0 0 100

CMYK
0 0 0 40

黑色具有神秘感，大面积使用会感觉阴郁、冷漠，所以用作跳色，以单面墙、主要家具或装饰品来呈现。灰色的使用是比较灵活的，高明度的灰色具有时尚感，如浅灰、银灰，用作大面积背景色及主角色均可，低明度的灰色则可以以单面墙、地面或家具来展现。

3. 配色方案

① 白色（主色）+ 暖色

CMYK 0 0 0 0	CMYK 16 27 43 0	CMYK 11 20 74 0

▲ 高纯度黄色点缀，可以丰富空间配色层次

CMYK
0 0 0 0

CMYK
62 51 41 0

CMYK
23 13 67 0

◀ 亮黄色休闲椅打破无彩色系客厅的沉闷感

CMYK
0 0 0 0

CMYK
0 0 0 100

CMYK
55 100 85 38

◀ 利用红色系家具与装饰物点缀灰色系空间，更有简洁的品质感

CMYK
0 0 0 0

CMYK
39 51 51 0

CMYK
15 67 64 0

◀ 白色组合橙色，简约中不失亮丽、活泼

② 白色（主色）+ 冷色

CMYK	CMYK	CMYK
0 0 0 0	31 24 17 0	91 59 4 0

▲ 白色搭配蓝色，可以塑造清新、素雅的简约空间

CMYK
0 0 0 0

CMYK
22 33 37 0

CMYK
27 15 15 0

◀ 白色与淡蓝色
搭配最为常见,
可令空间氛围更
显清爽

CMYK
0 0 0 0

CMYK
100 76 9 0

CMYK
72 56 57 6

◀ 白色搭配深蓝
色,显得理性而
稳重

③ 白色（主色）+ 中性色

CMYK
0 0 0 0

CMYK
73 53 98 14

CMYK
0 0 0 100

▶ 绿色软装点缀，
为白色系客厅增添
自然、冷静的气息

CMYK
0 0 0 0

CMYK
42 27 32 0

CMYK
29 40 47 0

▶ 淡浊色调蓝色运
用在墙面上，与白
色床搭配，显得清
爽而又简练

④ 白色（主色）+ 木色

CMYK
0 0 0 0

CMYK
50 67 95 12

CMYK
75 47 77 5

◀ 白色与深木色
组合，在效果简洁
的同时更有稳定感

CMYK
0 0 0 0

CMYK
20 44 70 0

CMYK
25 13 12 0

◀ 在白色和木色
中，也可以加入黑
色等深色调来调
剂，可以加强空间
的稳定感

CMYK
0 0 0 0

CMYK
19 31 48 0

CMYK
0 0 0 100

▶ 白色调的客厅，点缀浅原木色的家具，整个空间干净、简单

CMYK
0 0 0 0

CMYK
49 63 71 4

▶ 白色系搭配木色，可以体现出雅致、天然的简约风格

⑤ 白色（主色）+ 多彩色

CMYK
0 0 0 0

CMYK
51 27 20 0

CMYK
28 47 43 0

▶ 粉色与蓝色的组合使整个白色系空
间的气氛变得活跃起来

CMYK
0 0 0 0

CMYK
28 22 18 0

CMYK
80 37 13 0

◀ 蓝色系点缀白色
空间，能够带来清
爽而又简练的空间
效果

CMYK
0 0 0 0

CMYK
76 77 69 42

CMYK
44 56 67 0

CMYK
16 37 23 0

◀ 空间整体以白色
为基调来突出风格
特征，对比明显的
紫色与粉色为空间
增加配色层次

⑥ 无彩色组合

CMYK
0 0 0 0

CMYK
0 0 0 100

CMYK
42 33 34 0

▶ 客厅配色以黑白
灰三色为主，展现
出经典的简约感

CMYK
0 0 0 0

CMYK
0 0 0 100

CMYK
26 19 16 0

▶ 将白色作为卧室
主要色彩，加入灰
色与深绿色调和，
使卧室氛围不会过
于单调

三、工业风格

工业风格粗犷、神秘，极具个性，准确地说它是将工厂与美式风格的一些元素融合在一起的一种设计方式，具有浓郁的怀旧气息。色彩设计上非常有艺术感，以白色、灰色、黑色为主调，家具以黑色或棕色最为常见。

1. 配色要点

工业风格在色彩挑选方面，一定要突显出其颓废与原始工业化，大多采用水泥灰、红砖色、原木色等作为主体色彩，再增添一些亮色配饰，为空间添加柔美感。如果想令空间更加个性，可以选择黑白灰与红砖色调配，混搭交织可以创造出更多的层次变化，添加空间的时尚个性。

2. 配色表

无彩色 + 木色

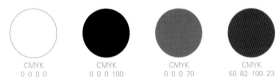

CMYK	CMYK	CMYK	CMYK
0 0 0 0	0 0 0 100	0 0 0 70	50 82 100 23

工业风配色设计中比较能够展现风格特点的配色之一就是黑色和白色的运用，黑色神秘冷酷，白色优雅轻盈，两者混搭可以创造出更多层次的变化，在此种基调之上又会适量地加入木色、棕色等，展现怀旧气息。

水泥灰 / 砖红色

CMYK	CMYK
0 0 0 40	23 71 76 0

裸露红砖本色的墙面显得既老旧又摩登，具有浓郁的艺术感。同样，水泥的灰色具有浓郁的工业气息，无论是顶面、墙面还是地面均可使用，配以适量银灰色，既冷酷又不压抑。

3. 配色方案

① 无彩色 + 木色

CMYK
0 0 0 0

CMYK
52 60 66 4

CMYK
71 13 26 0

◀ 白色为主色的空
间，加入木色和少
量的蓝色，能够塑
造出不同格调的工
业感

CMYK
65 55 50 1

CMYK
21 27 46 0

CMYK
48 9 64 0

◀ 灰色墙面奠定出
神秘冷酷的环境氛
围，以绿色和木色
进行调和，减少灰
色的沉闷感

② 水泥灰 / 砖红色点缀

CMYK
51 43 42 0

CMYK
55 80 96 30

CMYK
0 0 0 100

▲ 背景的灰色，使空间形成统一的色调，红棕色砖墙在彰显个性的同时不失装饰性

CMYK
58 51 56 1

CMYK
67 68 71 25

CMYK
25 13 12 0

CMYK
21 27 31 0

▲ 水泥灰调的整体空间，以白色座椅点缀，调和过于暗沉的氛围

CMYK
0 0 0 0

CMYK
79 68 60 20

CMYK
34 67 91 0

CMYK
15 40 81 0

▲ 水泥灰作为墙面色彩，塑造出粗犷、原始的感觉，搭配棕色，形成极具稳定效果的空间色调

四、中式古典风格

中式古典风格继承和发展了中华民族的特色，充分展示传统美学精神，其配色主要体现出沉稳、厚重的基调。

1. 配色要点

在中式古典风格的空间中，家具常见深棕色系；同时擅用皇家色彩进行装点，如帝王黄、中国红、青花瓷蓝等。另外，祖母绿、黑色也会出现在中式古典风格的空间中。但需要注意的是，除了明亮的黄色之外，其他色彩多为浊色调。

2. 配色表

棕色系

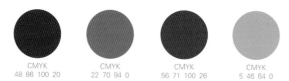

CMYK	CMYK	CMYK	CMYK
48 86 100 20	22 70 94 0	56 71 100 26	5 46 64 0

取自于古典园林配色的设计方式整体比较朴素，多以沉稳的棕色系深木色为基调，组合色多为白色或米色。华丽的彩色较少会大量使用，一般只少量点缀。

宫廷风华丽配色

CMYK	CMYK	CMYK	CMYK
0 96 95 0	10 0 83 0	71 41 100 2	100 99 56 11

以皇家建筑为灵感的中式古典配色设计，主要以棕红系木色为基调，搭配深木色、米色、白色等调节层次感，整体配色浓烈而成熟，此种设计方式区别于民居的重要特点是会搭配较多具有华丽感的彩色，例如大红、正黄、彩绿等，延续了古典建筑雕梁画栋的美感。

3. 配色方案

① 白色 + 棕色

CMYK
0 0 0 0

CMYK
65 69 74 26

CMYK
27 33 44 0

▲ 深棕色稳重厚实，加入白色调和，显得大气而不沉闷

CMYK
0 0 0 0

CMYK
59 63 64 7

CMYK
2 60 86 0

◀ 白色与棕色组合，形成最符合中式古典风格特点的韵味

CMYK
0 0 0 0

CMYK
33 46 48 0

CMYK
20 27 45 0

◀ 白色背景色，以棕色修饰点缀，整体气质优雅、古朴

② 黄色 + 棕色

CMYK
0 0 0 0

CMYK
60 73 85 33

CMYK
18 25 50 0

▲ 棕色与白色组合的餐厅显得呆板压抑，加入黄色点缀，提高活跃感

CMYK
41 32 24 0

CMYK
60 86 78 40

CMYK
46 53 59 0

◀ 黄色布艺软装的
运用可以减少棕红
色实木家具带来的
厚重沉闷感觉

CMYK
0 0 0 0

CMYK
61 92 91 53

CMYK
31 38 91 0

CMYK
46 94 100 14

◀ 黄色软装的点缀，
使棕色和白色系的家
空间变得不再厚重，
更有中式韵味

③ 红色 + 棕色

CMYK
0 0 0 0

CMYK
0 0 0 100

CMYK
6 73 70 0

▶ 棕色与红色的搭
配，带来浓厚的中
式古典氛围

CMYK
0 0 0 0

CMYK
49 95 82 22

CMYK
59 67 65 12

▶ 红色的点缀，使
卧室空间变得更有
东方传统韵味

CMYK
60 75 85 36

CMYK
24 100 100 0

CMYK
4 88 5 0

◀ 红色系装饰将喜
庆感与热闹感加入，
使棕色系空间不再
显得单调、沉闷

④ 棕色 + 绿色 / 蓝色点缀

CMYK
0 0 0 0

CMYK
67 85 91 60

CMYK
90 76 14 0

◀ 棕色家具搭配上蓝色装饰，形成清雅、深远的配色效果

CMYK
0 0 0 0

CMYK
42 73 99 13

CMYK
81 41 72 9

◀ 绿色系的点缀将自然注入古朴的卧室之中，带来清新的生机感

CMYK
0 0 0 0

CMYK
50 82 99 21

CMYK
70 53 27 0

▶ 蓝色布艺与棕色
家具的组合，平衡
了厚重感与冷静感

CMYK
85 59 7 0

CMYK
53 87 99 32

▶ 深蓝色背景墙与
棕色玄关柜形成亮眼
而又富有韵味的组合

五、新中式风格

新中式风格继承了传统家居中的经典元素，提炼并加以丰富，格调高雅。它并不是刻意地描述某种具象的场景或物件，而是讲求"神韵"的传达。

1. 配色要点

新中式风格色彩常以黑、白、灰色为基调，搭配米色或棕色系软装作点缀，效果较朴素；也可以在黑、白、灰基础上以皇家住宅的红、黄、蓝、绿等作为软装布艺或工艺品的点缀色彩，此种方式对比强烈，效果华美、尊贵。

2. 配色表

无彩色 + 皇家色点缀

| CMYK | CMYK | CMYK | CMYK | CMYK |
| 0 0 0 0 | 0 0 0 100 | 0 0 0 50 | 0 100 100 0 | 0 0 100 0 |

在黑、白、灰基础上以皇家住宅的红、黄、蓝、绿等作为局部色彩的配色方式是比较具有活泼感的。墙面上很少会大面积地使用彩色，更多的是以白色或灰色为主色，家具、布艺或饰品是彩色的呈现主体。

无彩色 + 大地色系点缀

| CMYK | CMYK | CMYK | CMYK | CMYK |
| 0 0 0 0 | 0 0 0 100 | 0 0 0 50 | 57 77 100 34 | 52 67 100 15 |

以白色或浅灰色为主，黑色多做少量装饰，根据喜好，墙面上也可加入棕色系等与白色组合，塑造层次感。或者以深棕色或黑色为主体，搭配白色等色彩，整体上很少使用比较艳丽的点缀色，具有素净感。

3. 配色方案

① 棕色系 + 无彩色

CMYK
8 5 11 0

CMYK
73 73 75 43

CMYK
53 65 75 9

◀ 利用深棕色和白色打造出层次分明又和谐融合的中式客厅

CMYK
0 0 0 0

CMYK
75 74 67 39

CMYK
75 56 46 2

◀ 大面积的白色与深棕色搭配带有传统古典配色的韵味，以蓝色软装点缀，又透露着清雅、闲适

CMYK
28 33 45 0

CMYK
32 29 25 0

CMYK
72 79 83 58

◀ 白色与浅棕色
组合，形成干净
低调的古风韵味，
同时以黑色点缀，
更加增添沉稳丰
华的东方感

CMYK
0 0 0 0

CMYK
45 67 92 0

CMYK
44 88 84 11

◀ 浅棕色与白色
组合，展现出别
致清雅的中式感

② 白色 / 灰色 + 皇家色

CMYK
0 0 0 0

CMYK
64 76 87 46

CMYK
45 91 92 15

▶ 红色软装的应用
使原本配色单调的
中式客厅变得更有
层次性

CMYK
0 0 0 0

CMYK
35 56 76 0

CMYK
15 15 44 0

▶ 皇家色的点缀,
使客厅空间变得更
有东方传统韵味

CMYK
29 23 20 0

CMYK
50 74 86 13

CMYK
21 19 87 0

CMYK
49 19 37 0

◀ 客厅配色十分简约，但充满了层次感。白色、棕色、黄色及绿色的穿插结合，塑造一种具有雅致感和柔和感共存的空间

③ 无彩色组合

| CMYK 0 0 0 0 | CMYK 0 0 0 100 | CMYK 58 57 60 3 | CMYK 19 29 50 0 |

▲ 白色与黑色组合，兼具时尚感和古雅韵味

CMYK
41 34 37 0

CMYK
0 0 0 100

CMYK
24 70 70 2

▶ 黑色与灰色的搭配，显得考究而富有底蕴

CMYK
0 0 0 0

CMYK
0 0 0 100

▶ 白色与黑色的组合，加入少量灰色调和，使中式客厅充满了现代感

六、欧式古典风格

欧式古典风格起源于文艺复兴时期，具有装饰华丽、色彩浓烈、造型精致的特点，适合面积大的挑高户型，代表风格是巴洛克风格和洛可可风格，代表色彩是白、红、金和偏红的深木色。

1. 配色要点

欧式古典风格的配色较为古朴、厚重，大部分空间会采用棕色系及金色作为背景色，搭配象牙白、湖蓝色、银色等色彩作为主角色或配角色，点缀色则常见低明度为主的色彩，令整体环境展现出奢靡、华贵的氛围。纯度过高的色彩虽然亮丽，但大面积使用容易形成活泼氛围，与欧式古典风格追求复古韵味背道而驰，因此不宜大量使用。

2. 配色表

黄色系

CMYK	CMYK	CMYK	CMYK
2 7 25 0	3 13 46 0	4 19 66 0	33 48 100 0

黄色具有炫丽、明亮的视觉效果，能够体现出欧式古典风格的高贵感，构成金碧辉煌的空间氛围。欧式古典风格中常见精致雕刻的金色家具、金色装饰物等，在整体环境中起点睛作用，充分彰显古典欧式风格的华贵气质。

棕色系

CMYK	CMYK	CMYK	CMYK
59 84 78 39	62 80 98 48	62 83 100 52	54 86 100 34

欧式古典风格会大量用到护墙板，实木地板的出现频率也较高，因此棕色系成为欧式古典风格中较常见的空间配色。同时，棕色系也能很好地体现出欧式古典风格的古朴特征。为了避免深棕色带来的沉闷感，可以利用白色中和。

3. 配色方案

① 金色 / 明黄

CMYK	CMYK	CMYK
3 27 47 0	55 88 100 40	7 36 79 0

▲ 明黄色与金色组合，能够彰显欧式古典风格的精致、奢华

CMYK 24 21 33 0

CMYK 30 43 85 0

CMYK 43 29 44 0

◀ 白色与棕色组合，
形成最符合欧式风
格特点的韵味

CMYK 49 63 88 7

CMYK 20 27 45 0

CMYK 24 24 22 0

CMYK 35 83 46 0

◀ 金色点缀的欧式
客厅更有典雅感

CMYK
21 34 61 0

CMYK
63 84 75 43

▲ 明黄色与棕色搭配，效果华贵又不失沉稳气质

② **棕色系**

CMYK
10 14 21 0

CMYK
55 76 100 27

CMYK
20 21 56 0

▲ 棕色系的搭配最具欧式古典风格特色，为避免压抑，可以以黄色系作为点缀，活跃一下氛围

CMYK
31 31 33 0

CMYK
58 94 93 49

► 深棕色与米色组
合，不仅效果沉稳、
大方还更有豪华感

CMYK
30 35 48 0

CMYK
60 78 100 43

► 棕色系空间加入
米色平衡掉厚重感，
保留大气华丽气质

③ 浊色调点缀

■ CMYK	■ CMYK	■ CMYK	■ CMYK
34 65 78 0	36 46 79 0	5 56 62 0	44 96 95 13

▲ 浊色调红色与橙色使棕色系的空间配色层次更加丰富，视觉效果更富丽堂皇

CMYK
61 59 75 11

CMYK
14 32 56 1

CMYK
45 92 83 13

▶ 暗浊色调的绿色
带有优雅而复古的
美感，与金色搭配，
显得精致而绚丽

CMYK
0 0 0 0

CMYK
22 22 15 0

CMYK
11 27 60 2

CMYK
17 92 96 0

▶ 象牙白色为主色
的空间，加入金色
与暗浊红色，效果
华丽

七、简欧风格

简欧风格兼容了传统欧式的典雅感与现代风格的时尚感，是一种多元化的风格。在设计中，保留了欧式古典风格选材以及配色设计的大致走向，同时又摒弃了古典主义复杂的肌理和装饰，简化了线条。高雅而和谐是简欧风格配色设计的主要特征，常用的色彩有白色、金银色、暗红等。

1. 配色要点

简欧风格色彩设计高雅而唯美，多以淡雅的色彩为主，白色、象牙白、米黄等是比较常见的主色，以浅色为主深色为辅的搭配方式最常用。若追求厚重效果，可以用暗红、大地色作主要配色；若追求清新感觉，则可以将蓝色作为主要配色。

2. 配色表

白色 / 象牙白

CMYK	CMYK
0 0 0 0	2 0 9 0

简欧风格不同于古典欧式风格喜欢用厚重、华丽的色彩，而是常常选用白色或象牙白作底色，再糅合一些淡雅的色调，力求呈现出一种开放、宽容的非凡气度。

淡雅色调

CMYK	CMYK	CMYK	CMYK
50 29 3 0	11 36 24 0	5 8 40 0	42 6 56 0

淡雅的色调具有典雅自然的美感，能够使空间配色显得更浓郁，塑造出具有典雅感的空间氛围。搭配冷色系色彩，具有温暖感的空间配色方式。

3. 配色方案

① 白色 + 黑色 / 灰色

☐ CMYK
0 0 0 0

■ CMYK
0 0 0 100

▲ 白色为背景色，黑色为主角色，整体看上去神秘、矜重

CMYK
0 0 0 0

CMYK
62 55 60 4

◀ 白色家具点缀灰色系空间，增添古典美感

CMYK
0 0 0 0

CMYK
36 29 27 0

CMYK
76 63 51 7

◀ 灰色墙面与白色家具组合，充满了时尚感

② 白色 + 金色 / 银色点缀

CMYK
0 0 0 0

CMYK
10 13 93 0

CMYK
26 15 85 0

▲ 白色为背景色，金色为配角色与点缀色，两者搭配，展现优雅的欧式风格

CMYK
0 0 0 0

CMYK
78 69 60 22

CMYK
18 28 40 0

◀ 白色搭配金色兼
具华丽感和时尚感
为一体

CMYK
0 0 0 0

CMYK
32 26 27 0

CMYK
31 34 62 0

◀ 金色装饰的点缀
让米白色卧室变得
精致起来

③ 白色 + 蓝色系

CMYK
20 24 38 0

CMYK
0 0 0 100

CMYK
80 63 35 0

▶ 白色与蓝色搭配
具有清新、自然的
美感，符合简欧风
格的轻奢特点

CMYK
0 0 0 0

CMYK
35 35 46 0

CMYK
55 89 100 37

CMYK
64 29 36 0

▶ 白色和湖蓝色组
合搭配，充满了华
丽感和清爽感

□ CMYK
0 0 0 0

■ CMYK
100 78 40 1

■ CMYK
19 38 75 0

▲ 白色为背景色，金色为配角色与点缀色，两者搭配，展现优雅的欧式风格

CMYK	CMYK	CMYK
34 24 22 0	55 65 83 15	78 15 10 0

▲ 当空间主色为金色与白色时，可以用蓝色装饰来调节空间感，使客厅显得更清爽、舒适

▼ 蓝色沙发与白色坐凳搭配上米黄色背景色，空间整体散发着优雅、精致的气息

CMYK	CMYK	CMYK
90 52 14 0	14 16 6 0	39 40 54 0

④ 白色 / 米色 + 暗红色

CMYK
0 0 0 0

CMYK
40 35 39 0

CMYK
58 93 86 46

◀ 暗红色点缀，使
白色系的空间带有明
媚、时尚感

CMYK
0 0 0 0

CMYK
64 82 77 46

CMYK
93 72 55 22

◀ 暗红色与白色搭
配，融合古典韵味
与时尚感

CMYK
0 0 0 0

CMYK
0 0 0 100

CMYK
65 54 71 7

CMYK
58 66 65 11

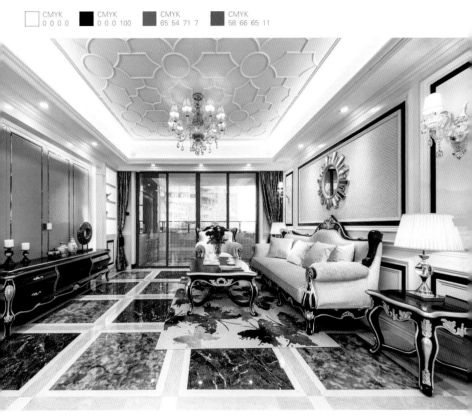

▲ 白色与暗红色配色时，也可以少量地糅合绿色，丰富配色层次

⑤ 白色 + 绿色点缀

CMYK 0 0 0 0	CMYK 80 47 63 4	CMYK 24 32 41 0

▲ 墨绿色布艺软装提高白色空间精致度

CMYK
75 76 65 55

CMYK
14 13 12 0

CMYK
85 46 50 1

▶ 白色通常作为背
景色，绿色则很少大
面积运用，常作为
点缀色或辅助配色

CMYK
0 0 0 0

CMYK
83 34 56 0

CMYK
7 15 49 0

▶ 绿色与白色的组
合，清新、时尚

八、美式乡村风格

美式乡村风格的配色来源于自然色调，一种是接近泥土的颜色，如大地色系；另一种为能够表现出生机的色彩，如绿色系。这两种色彩一般会大面积使用，例如作为背景色，大地色也通常作为主角色和配角色使用。

1. 配色要点

在美式乡村风格的空间中没有特别鲜艳的色彩，所以在进行此种风格的配色设计时，尽量不要加入此类色彩，虽然有时会使用红色或绿色，但明度都与大地色系接近，寻求的是一种平稳中具有变化的感觉，鲜艳的色彩会破坏这种感觉。

2. 配色表

大地色系

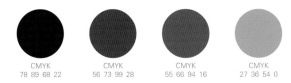

CMYK	CMYK	CMYK	CMYK
78 89 68 22	56 73 99 28	55 66 94 16	27 36 54 0

大地色可分为两种感觉：一种体现的是沉稳大气的，具有复古感和厚重感，此种配色以深色调大地色系为主；一种体现的是清爽素雅的感觉，反映出一种质朴而实用的生活态度，以浅色调大地色系为主。

比邻配色

CMYK	CMYK	CMYK	CMYK
92 75 40 3	32 100 100 1	74 41 100 2	30 76 100 0

比邻配色源自于美国国旗的颜色，是很有动感的一种配色方式。具体设计方式是将深红、深蓝和白色组合在一起的配色方式，深蓝色偶尔也会用浅蓝色或蓝灰色来代替。

3. 配色方案

① 大地色（主色）+ 绿色

CMYK 56 63 68 9	CMYK 60 32 85 10	CMYK 47 100 96 23

▲ 用具有特点的大地色和绿色搭配，与美式乡村风格古朴的基调相吻合

CMYK
60 89 99 52

CMYK
63 66 100 30

CMYK
79 56 100 26

◀ 美式乡村风格追求自然的韵味，而大地色与绿色的搭配能够体现出此种氛围

CMYK
24 25 31 0

CMYK
72 77 82 55

CMYK
82 57 100 30

◀ 简单的绿色点缀，能为环境增添盎然的生机

② 白色（主色）+ 大地色 + 绿色

| CMYK 0 0 0 0 | CMYK 49 84 83 19 | CMYK 63 69 76 24 | CMYK 66 48 82 8 |

▲ 白色墙面，搭配棕色家具和绿色植物，可以扩大空间感，不会使人感觉压抑

CMYK
0 0 0 0

CMYK
53 79 80 25

CMYK
77 28 82 0

◀ 深棕色与白色形成简约而稳重的氛围，绿色背景墙清新而自然，无形中增加了乡村气息

CMYK
0 0 0 0

CMYK
53 82 93 29

CMYK
60 32 73 1

◀ 白色作为顶面和墙面色彩，大地色用作地面色彩，绿色点缀，配色关系既具有厚重感，也不失生机、通透

③ 大地色 + 白色

CMYK
0 0 0 0

CMYK
55 55 68 3

CMYK
58 66 99 22

▶ 暗红色点缀，使
白色系的空间带有明
媚、时尚感

CMYK
25 22 27 0

CMYK
47 55 59 0

CMYK
31 20 19 0

▶ 米白色为背景
色，棕色为主角色，
搭配起来既不会显
得沉闷又符合乡村
风情

	CMYK		CMYK
	15 27 36 0		54 83 99 31
	CMYK		
	40 87 85 3		

◄ 暗红色与白色搭配，融合古典韵味与
时尚感

④ 比邻配色

CMYK
25 15 67 0

CMYK
78 70 51 10

CMYK
44 100 100 12

CMYK
84 60 100 38

◀ 蓝色、黄色的对
比，加以红色调和，
塑造出带有灵动感的
美式风情

CMYK
19 28 33 0

CMYK
48 98 75 16

CMYK
97 90 53 27

◀ 红蓝色比邻配色
的家具使卧室具有更
加活跃的装饰艺术感

CMYK
0 0 0 0

CMYK
45 100 100 14

CMYK
53 52 69 1

▲ 红色与绿色软装搭配，带有热闹而朴素的乡村氛围

九、现代美式风格

现代美式风格来源于美式乡村风格，并在此基础上作了简化设计。空间强调简洁、明晰的线条，家具也秉承了这一特点，使空间呈现出更加利落的观感。

1. 配色要点

在色彩设计上，现代美式风格的背景色一般为旧白色，家具色彩依然延续厚重色调，如将大地色广泛运用在家具和地面色彩之中，但装饰品的色彩更为丰富，常会出现红、蓝、绿的比邻配色。

2. 配色表

旧白色 + 木色

CMYK
8 7 8 0

CMYK
49 56 66 2

CMYK
68 83 93 61

旧白色是指加入一些灰色和米色形成的色彩，比起纯白，带有一些复古感觉，更符合美式风格追求质朴的理念；同时，与浅木色搭配，可以增加空间的温馨特质。

米白色 + 绿色

CMYK
4 4 12 0

CMYK
50 18 76 0

CMYK
71 40 83 1

此种配色方式具有自然感和生机感，适合文艺的青年业主。其中，绿色常用在布艺或是配角色、点缀色之中，不会大面积使用，米白色则会出现在家具、地面、门套、木梁等处。

3. 配色方案

① 旧白色 + 木色

CMYK	CMYK	CMYK
18 18 23 0	57 63 64 5	52 82 89 37

▲ 旧白色座椅与木色茶几形成复古而又质朴的氛围

CMYK
21 20 22 0

CMYK
19 31 35 0

CMYK
61 67 79 24

CMYK
27 16 17 0

◀ 整体空间以旧白色与木色搭配为主，加以蓝色点缀，减少了单调感，增加层次性

CMYK
24 18 19 0

CMYK
65 69 76 31

CMYK
67 46 39 0

◀ 旧白色与深木色的搭配，带有浓郁的复古氛围

CMYK
7 15 25 0

CMYK
52 63 69 6

CMYK
60 71 73 23

▲ 旧白色为背景色，木色为主角色，两者搭配形成了简洁而朴素的视觉效果

② 米白色 + 绿色

CMYK	CMYK	CMYK
11 11 13 0	0 0 0 100	90 59 57 9

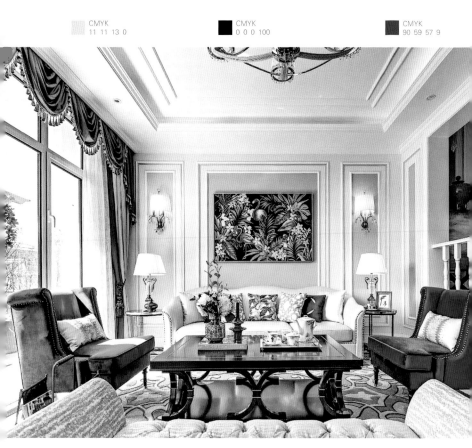

▲ 米白色用作背景色，绿色作主角色，互相搭配兼具了柔和感和清新感

CMYK
11 11 13 0

CMYK
33 22 14 0

CMYK
87 66 69 33

▶ 客厅配色清新而
可爱，绿色座椅与
米白色沙发营造出
自然、轻松的氛围

CMYK
11 11 13 0

CMYK
34 35 35 0

CMYK
31 11 14 0

▶ 米白色系空间，
以青绿色修饰，增
添了清新、活泼的
气息

③ 红色 + 蓝色

CMYK
15 25 55 0

CMYK
40 98 98 5

CMYK
26 13 9 0

◀ 红色与蓝色座椅
弱化了浅木色空间的
单调性，增强现代美
式风格感

CMYK
11 6 5 0

CMYK
44 77 93 6

CMYK
31 0 1 0

CMYK
40 100 100 4

◀ 红色装饰画与蓝
色座椅是空间的配
色亮点，为朴素的
棕色系空间带来时
尚感

CMYK	CMYK	CMYK
28 22 15 0	50 27 2 0	13 91 96 0

▲ 红色与蓝色餐椅视觉上形成对比，使空间配色更有现代感

十、法式风格

法式风格比较注重营造空间的流畅感和系列化，很注重色彩和元素的搭配。法式风格可以分为法式宫廷风格和现代法式两个常用类型，其中法式宫廷风格多使用大地色、金色、银色、白色等色彩；现代法式色彩的选择较多样，紫色、粉色、蓝色、白色、灰色等较为常见。

1. 配色要点

法式风格空间的配色设计，追求的是宫廷气质和高贵而低调奢华的感觉，同时又具有一点田园气息。最常见的手法是用洗白处理具有华丽感的配色，展现风格特质与风情。

2. 配色表

白色 + 娇嫩色调

CMYK	CMYK	CMYK	CMYK
0 0 0 0	11 36 24 0	42 6 56 0	81 53 12 0

现代法式风格配色设计上减少了金色和深色木质的使用频率，更多地使用具有清新感的白色、蓝色、绿色等作为主色，而后搭配如紫色、粉色、灰色等简洁而浪漫的色彩，空间中并不使用艳丽色调的色彩，而是以非常舒适的低饱和色彩为主，给人舒适、平和的感觉。

金色 + 浓郁色调

CMYK	CMYK	CMYK	CMYK
33 48 100 0	90 100 51 10	96 88 45 11	80 56 100 27

法式宫廷风格在配色设计方面，常用柔和淡雅的背景色，例如白色、象牙白、米黄等，搭配白色、金色、黑色、蓝色、紫色等或深色的木色为主调的华丽配色家具，整体给人浪漫、尊贵且华丽的感觉。

3. 配色方案

① 金色 / 黄色

CMYK	CMYK	CMYK	CMYK
8 5 8 0	42 25 21 0	71 38 5 0	23 25 63 0

▲ 黄色系与金色系组合，烘托出奢华浮夸的宫廷氛围

CMYK
9 9 13 0

CMYK
27 29 39 0

CMYK
34 43 87 2

CMYK
65 14 23 0

◀ 金色点缀带来视
觉上的精致高贵

CMYK
0 0 0 0

CMYK
31 45 80 0

CMYK
87 85 69 55

◀ 金色与白色搭
配，能够提升优雅
感，变得更加雅致
精巧

② 白色 + 湖蓝色 / 宝石蓝

| CMYK 0 0 0 0 | CMYK 37 16 12 0 | CMYK 47 60 69 2 | CMYK 31 33 96 0 |

▲ 湖蓝色墙面为白色系增添明朗、亮丽感

CMYK
0 0 0 0

CMYK
55 19 11 0

CMYK
85 42 44 0

CMYK
2 42 69 0

◀ 白色和湖蓝色
的组合，使整个空
间变得清爽又精致

CMYK
0 0 0 0

CMYK
30 17 24 0

CMYK
100 100 54 0

◀ 宝石蓝点缀白色
系空间，充满纯净
的浪漫感

③ 华丽的女性色

CMYK	CMYK	CMYK
33 28 29 0	73 22 22 0	31 33 96 0

▲ 明亮的蓝色使米色系空间多了简练、精明的女性感

CMYK 0 0 0 0	CMYK 52 99 100 37	CMYK 86 48 36 0	CMYK 12 37 53 0

▲ 多种华丽色彩的组合使用，将空间的华丽感大大提升，显得更加娇媚、精致

CMYK
0 0 0 0

CMYK
17 14 20 0

CMYK
15 21 12 0

CMYK
22 7 74 0

▶ 淡粉色和淡绿色
的使用，将甜雅的女
性活力融入充满精
致感的客厅氛围中

CMYK
31 30 47 0

CMYK
77 67 36 2

CMYK
17 46 36 0

▶ 淡粉色与深蓝色
的搭配，不会过于
甜腻或沉重，反而
更有高雅、清爽的
感觉

十一、田园风格

田园风格力求表现悠闲、舒畅、自然的田园生活情趣。在田园风格里，粗糙和破损是允许的，因为只有那样才更接近自然。田园风格的类别较多，因此在配色上存在着差异，但大体上以白色系为主基调，以自然色调为点缀。

1. 配色要点

绿色和大地色是最具代表性的田园色彩，用任何一个做主要配色，延伸一些自然界中的常见颜色，都田园韵味十足。用绿色或大地色系与黄色、紫色、蓝色、红色等色彩搭配，色彩数量越多越具有春天的感觉，但需要注意主次，避免混乱。

2. 配色表

绿色系

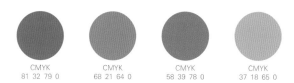

CMYK	CMYK	CMYK	CMYK
81 32 79 0	68 21 64 0	58 39 78 0	37 18 65 0

田园风格中所使用的绿色以柔和的色调为主，基本不适用浓艳的色调，常用的包括浅绿、草绿、黄绿、浅灰绿等，可组合的色彩较多，例如红色、黄色、粉色、紫色、米色等。若想让绿色的色彩特点再显著一些，可以将其与白色组合后，再搭配其他色彩。

大地色系

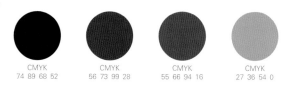

CMYK	CMYK	CMYK	CMYK
74 89 68 52	56 73 99 28	55 66 94 16	27 36 54 0

大地色是接近泥土的颜色，所以以大地色为主的田园空间具有亲切感。大地色的使用有两种方式，一种是将其用在顶面或地面上，作为部分背景色使用，而后主角色搭配绿色或一些鲜嫩的色彩；一种是将其用在家具和地面上，作为主要色彩使用，搭配蓝色、绿色、粉色等组合使用。

3. 配色方案

① 白色 + 绿色 + 原木色

CMYK	CMYK	CMYK
11 17 32 0	36 66 87 2	0 0 0 0

▲ 白色与棕色搭配充满了朴素气息，加入绿色点缀，增加了生机感

CMYK
14 8 11 0

CMYK
45 54 77 1

CMYK
60 48 68 2

◀ 米白色背景色，
木色主角色和绿色
点缀色，形成了典
型的田园风格配色

CMYK
12 7 5 0

CMYK
56 64 98 16

CMYK
37 33 68 0

CMYK
80 56 72 17

◀ 乡野间最常见的
原木色与绿色，搭
配上奶油白色，春
天的韵律呼之欲出

② 白色 + 粉色 + 绿色

CMYK
0 0 0 0

CMYK
37 28 70 0

CMYK
34 48 64 0

▶ 浊色调绿色与粉色的加入，使白色系的空间充满了田园生气

CMYK
28 31 39 0

CMYK
62 53 91 9

CMYK
15 36 42 0

▶ 白色背景色，以粉色与绿色调和，减少了单调感，增加了清爽自然感

③ 女性色彩搭配

CMYK
0 0 0 0

CMYK
15 42 31 0

CMYK
9 19 26 0

CMYK
32 92 81 0

◀ 多种暖色调组合
的背景色，充满了
娇柔的女性感

CMYK
46 24 46 0

CMYK
60 31 26 0

CMYK
32 45 42 0

◀ 微浊绿色与蓝色
组合，加上茉莉粉
色，形成色调淡雅、
氛围柔和的田园风
格客厅

CMYK	CMYK	CMYK
28 22 15 0	51 86 64 14	56 44 55 0

▲ 白色系空间简单、纯净，搭配上红色与绿色软装，显得分外可爱、自然

十二、北欧风格

北欧风格，是指欧洲北部国家的空间软装设计风格。注重功能，追求理性，讲究简洁明朗的颜色，以简洁著称。空间基本不用纹样和图案装饰，只用线条、色块来区分，所以色彩可以说是北欧风格中的主导者。

1. 配色要点

　　黑色与白色是最经典的北欧风色彩，配以天然的木质材料，即使色彩少也不会觉得乏味。在黑白组合中加入灰色，能够实现明度渐变，使整体配色的层次更丰富，也显得更为朴素。除了黑白色，常用浊色调的蓝色、绿色，以及稍微明亮的黄色作为空间的点缀色。

2. 配色表

无彩色

	CMYK	CMYK	CMYK
	0 0 0 0	0 0 0 100	0 0 0 50

　　北欧风格使用的色彩都具有强烈的纯净感，作为主色的色彩包括白色、黑色、灰色、蓝色、木色等，其中独有特色的就是黑、白、灰的使用，它们属于配色设计中的"万能色"，最具代表性的是纯粹的黑、白、灰两色或三色组合而不加其他任何彩色。

多彩色点缀

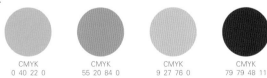

	CMYK	CMYK	CMYK	CMYK
	0 40 22 0	55 20 84 0	9 27 76 0	79 79 48 11

　　在白色的基调中使用较多的彩色也是北欧风格一个具有代表性的配色方式，彩色使用量最多的时候可同时用在主要家具、地面、装饰画和靠枕上，但选择彩色时需要注意，大面积的色彩不宜使用纯色，如草木绿、茱萸粉、紫灰这一类带有高级感的色彩更符合北欧风格内涵。

3. 配色方案

① 白色 + 原木色

▮ CMYK
69 60 65 14　　□ CMYK
0 0 0 0　　▮ CMYK
64 76 98 45

▲ 白色餐椅与木色餐桌体现出北欧风格的温润、雅致

CMYK
0 0 0 0

CMYK
42 48 52 4

◀ 木色的加入让
白色系的空间看上
去更加柔软、温馨

CMYK
0 0 0 0

CMYK
36 57 76 0

CMYK
64 77 80 44

◀ 温暖的木色家具
和白色背景墙相协
调，给人静逸之感

CMYK
0 0 0 0

CMYK
53 75 98 20

CMYK
27 29 91 0

▲ 大面积的白色与少量原木色搭配，使空间氛围不过于单调

② 白色 + 黑色 / 灰色

CMYK
0 0 0 0

CMYK
44 41 43 0

CMYK
0 0 0 100

◀ 白色为背景色，
灰色为主角色带来
源于自然的亲切感

CMYK
0 0 0 0

CMYK
0 0 0 100

◀ 经典的黑白色搭
配，让空间整体格
局不显凌乱

CMYK
0 0 0 0

CMYK
0 0 0 100

CMYK
70 42 85 3

▶ 白色和黑色是北
欧风格中比较经典
的一种色彩搭配方
式，能够将北欧风
格极简的特点发挥
到极致

CMYK
0 0 0 0

CMYK
27 22 18 0

CMYK
0 0 0 100

▶ 白色与灰色的
组合既能呈现出简
约感，对比感上又
有所减弱，使空间
整体呈现出素雅感

③ 无彩色 + 黄色

	CMYK 0 0 0 0		CMYK 41 36 37 0		CMYK 14 37 87 0		CMYK 78 54 78 18

▲ 黄色座椅使整个空间更有活力

CMYK
0 0 0 0

CMYK
40 48 69 0

CMYK
8 24 80 0

▶ 亮黄色休闲椅使
白色系空间气氛变
得更加活跃

CMYK
0 0 0 0

CMYK
31 51 91 0

CMYK
42 45 49 0

CMYK
0 0 0 100

▶ 白色系空间自然
亲近，为了避免过于
单调，利用明亮的
黄色进行点缀，让
空间气氛活跃起来

④ 浊色调或微浊色调色彩

CMYK
29 19 48 0

CMYK
55 41 21 0

CMYK
50 47 76 0

◀ 微浊绿色背景墙
与灰色主角色色调既
形成呼应，又不会显
得过于沉闷

CMYK
0 0 0 0

CMYK
48 39 32 0

CMYK
14 30 27 0

CMYK
68 51 52 1

◀ 无彩色空间以微
浊粉色和绿色点缀，
清新、可爱又不过
于甜腻

CMYK
0 0 0 0

CMYK
57 2 40 0

CMYK
0 44 16 0

▶ 微浊绿色与粉色
的组合，使白色系
空间充满了文艺感

CMYK
0 0 0 0

CMYK
37 22 29 0

CMYK
46 39 31 0

CMYK
43 61 72 1

▶ 微浊绿色背景墙
与靠枕、绿植呼应，
为客厅增加自然气息

十三、地中海风格

地中海风格，泛指在地中海周围国家所具有的风格。地中海风格给人自由奔放的感觉，色彩丰富、明亮，配色大胆、造型简单，具有明显的民族性。进行地中海风格的配色设计不需要太多的技巧，只要遵循海洋沿岸取材自然的特点，配以大胆而自由的色彩即可。

1. 配色要点

地中海风格的空间具有亲和力和田园风情，色彩组合纯美、奔放，色彩丰富、明亮、大胆。最常见的地中海配色是蓝色和大地色、蓝色与白色的组合，源自于希腊海域；大地色具有浩瀚感和亲切感，源自于北非地中海海域。除常见色彩外，还有一些扩展色彩，如阳光般的黄色、树木的绿色、花朵的红色等。

2. 配色表

蓝色系 + 白色

CMYK	CMYK	CMYK	CMYK	CMYK
0 0 0 0	84 76 21 0	86 55 19 0	66 13 31 0	42 10 7 0

蓝白组合是最为常见的一种地中海配色方式，设计灵感源自于西班牙、摩洛哥和希腊沿岸，这些地区的白色村庄与沙滩、碧海和蓝天连成一片，甚至门框、窗户、椅面都是蓝与白的配色，将蓝与白不同程度的对比与组合发挥到极致，给人清澈、无瑕的感觉。

土黄 / 红褐色系

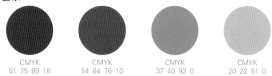

CMYK	CMYK	CMYK	CMYK
51 75 89 18	54 64 76 10	37 40 92 0	20 22 51 0

这种配色源自于北非沿岸特有的沙漠、岩石、泥、沙等天然景观颜色，可以将它们统称为大地色，烘托的是一种浩瀚、淳朴的感觉。

3.配色方案

① 白色 + 蓝色

	CMYK		CMYK		CMYK
	0 0 0 0		79 38 0 0		13 32 93 0

▲ 白色背景色与蓝色主角色，形成奔放、明亮的氛围

CMYK
0 0 0 0

CMYK
0 91 62 0

CMYK
95 85 44 11

◀ 蓝色家具和布艺
装点白色系空间，
清雅、自然

CMYK
0 0 0 0

CMYK
80 38 100 5

CMYK
86 61 0 0

◀ 整体白色与蓝色
的搭配，展现浓郁
的地中海风情

② 黄色 + 蓝色

CMYK
18 20 40 0

CMYK
50 77 96 20

CMYK
82 55 2 0

▶ 黄色为背景色，蓝色为主角色，具有天然的、自由的美感

CMYK
0 0 0 0

CMYK
24 36 60 0

CMYK
73 34 26 0

▶ 以黄色为主角色可以令空间显得更加明亮，而用蓝色进行搭配，则避免了配色效果过于刺激

CMYK
17 18 42 0

CMYK
49 74 98 16

CMYK
90 83 41 7

▶ 黄色与蓝色的组合搭配，呈现出清爽温馨的海岸风情

③ 大地色 + 蓝色

CMYK
15 16 24 0

CMYK
47 31 31 0

CMYK
72 76 82 53

CMYK
64 43 32 0

◀ 大地色茶几与蓝
色布艺沙发，赋予整
个空间生气

CMYK
0 0 0 0

CMYK
35 50 76 0

CMYK
64 24 10 0

◀ 大地色系搭配蓝
色系，是将两种典
型的地中海代表色
相融合，兼具亲切
感和清新感

CMYK
0 0 0 0

CMYK
67 63 0 0

CMYK
39 51 64 0

▲ 大地色与蓝色组合，充满了自然和明快的地中海风情

④ 白色 + 原木色

CMYK	CMYK	CMYK	CMYK
0 0 0 0	40 48 69 0	53 82 99 30	43 20 20 0

▲ 白色与原木色的搭配较适用于追求低调感地中海风格的人群

CMYK
30 39 57 0

CMYK
53 66 82 13

CMYK
86 53 96 11

◀ 原木色与白色的搭
配，充满干净、质朴
的感觉

CMYK
0 0 0 0

CMYK
61 81 86 46

CMYK
65 24 17 0

◀ 白色背景色与原木色
家具搭配，给人清逸、
自然的舒适感

十四、东南亚风格

东南亚风格是一种结合东南亚民族岛屿特色及精致文化品位的设计，绚烂和低调等情绪调成一种沉醉色东南亚风格，原始自然、色泽鲜艳、崇尚手工。

1. 配色要点

东南亚风格崇尚自然，带来浓郁的异域气息。配色可总结为两类：一种是将各种家具，包括饰品的颜色，控制在棕色或咖啡色系范围内，再用白色或米黄色全面调和。一种是采用艳丽颜色做背景色或主角色，例如，红色、绿色、紫色等。前者配色温馨，小户型适用；后者配色跳跃、华丽，较适合大户型，两者各有特色。

2. 配色表

原木色系

CMYK	CMYK	CMYK
51 75 89 18	54 64 76 10	37 40 92 0

取材自然是东南亚风格的最大特点，水草、木皮、藤以及原木等，所以空间中原木色色调或褐色等深色系最为常见，或部分装点在墙面上，或用在造型朴拙的家具或饰品上，是东南亚家风格不可缺少的一种色彩。

热带雨林彩色系

CMYK	CMYK	CMYK	CMYK
85 76 21 0	85 53 15 0	59 99 10 0	9 56 79 0

在东南亚风格中最抢眼的装饰莫过于绚丽的织物，由于地处热带，气候闷热、潮湿，为了避免空间的沉闷、压抑，因此在进行装饰时当深色使用较多时，多用夸张、艳丽的小面积色彩冲破视觉的沉闷，这也是东南亚风格区别于其他风格的一个显著特点。

3. 配色方案

① 原木色系

CMYK 0 0 0 0	CMYK 95 85 44 11	CMYK 0 91 62 0

▲ 白色与木色组合，给人舒适、质朴的感觉

CMYK
0 0 0 0

CMYK
66 81 91 55

▲ 东南亚风格要着重体现出拙朴、自然的姿态，因此可以用原木色作为空间的背景色和主角色

CMYK
49 44 54 0

CMYK
72 80 82 56

▲ 原木色家具塑造出一种醇厚的氛围

② 大地色 + 紫色

CMYK
18 20 40 0

CMYK
50 77 96 20

CMYK
46 84 38 0

◀ 大地色与紫色
的组合搭配可以体
现出风格的神秘与
高贵

CMYK
17 18 42 0

CMYK
49 74 98 16

CMYK
66 72 52 8

◀ 紫色的点缀具有
强烈视觉冲击力

▲ 紫色的加入塑造艳丽、妩媚的风格特点

③ 大地色 / 无彩色 + 多彩色

CMYK 0 0 0 0	CMYK 59 86 86 46	CMYK 24 76 99 0	CMYK 34 93 58 0

▲ 大地色与多种色彩搭配形成具有魅惑感和异域感的配色方式

CMYK
0 0 0 0

CMYK
40 48 69 0

CMYK
53 82 99 30

CMYK
51 90 56 6

▶ 利用多种色彩的
泰丝床品营造浓郁
的异国风情

CMYK
0 0 0 0

CMYK
61 81 86 46

CMYK
16 22 52 0

CMYK
86 78 61 34

▶ 黄色、绿色、蓝
色等鲜艳的色彩减轻
棕色带来的厚重感

④ 大地色 + 对比色

CMYK
0 0 0 0

CMYK
56 76 81 25

CMYK
44 93 81 9

CMYK
93 73 6 0

▶ 大地色系空间使用红色与
蓝色的对比，更有浓厚的异
域感

⑤ 无彩色 + 棕色 + 绿色

CMYK
36 35 38 0

CMYK
65 71 73 30

CMYK
65 29 97 0

◀ 无彩色、棕色作为主要色彩，搭配绿色，可营造出具有生机感的东南亚风格配色

CMYK
22 23 29 0

CMYK
67 76 91 50

CMYK
47 38 94 0

◀ 白色系空间以深棕色和绿色搭配，配色效果稳重又不失自然感

CMYK
0 0 0 0

CMYK
61 79 81 40

CMYK
70 42 85 3

▶ 白色和棕色、绿色的组合，充满了质朴的味道

CMYK
21 30 42 0

CMYK
0 0 0 100

CMYK
37 21 34 0

▶ 黑色与大地色及绿色的组合，透露着浓浓禅意

十五、日式风格

日式风格直接受日本和式建筑影响，讲究空间的流动与分隔，禅意无穷。传统的日式风格将自然界的材质大量运用于空间的装修、装饰中，配色上讲求能与大自然融为一体，多借用自然色彩，为空间带来无限生机。

1. 配色要点

日式风格以淡雅节制、深邃禅意为境界，注重与大自然的融合。在色彩上并不讲究斑斓、美丽，通常以素雅为主，选择一些淡雅、自然的颜色，柔和、沉稳，没有多余的色彩。日式风格以浅色系运用得比较多，多使白色＋原木色＋灰色系、原木色＋棕色的色彩搭配，配色简洁却是最让人感觉舒适的颜色。

2. 配色表

木色

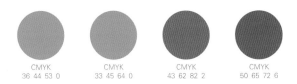

CMYK	CMYK	CMYK	CMYK
36 44 53 0	33 45 64 0	43 62 82 2	50 65 72 6

由于日本传统美学对原始形态十分推崇，因此，在日式风格中，不加雕琢的原木色十分常见，且会占据空间大面积配色，形成一种怀旧、回归自然的空间情绪。

白色／米黄色＋木色

CMYK	CMYK	CMYK
0 0 0 0	2 11 28 0	33 45 64 0

日式风格色彩多偏重浅木色，这种色彩被大量地运用在家具、门窗、吊顶之中；同时，常用白色作为搭配，可以令环境更显干净、明亮。如果喜欢更加柔和的配色关系，也可以把白色调整成米黄色。

3. 配色方案

① 木色

CMYK
0 0 0 0

CMYK
19 22 35 0

▲ 原木色与白色的组合干净而内敛

CMYK
0 0 0 0

CMYK
22 32 39 0

◄ 白色系空间以
木色木色搭配更有
清爽、纯朴的感觉

CMYK
0 0 0 0

CMYK
42 54 70 0

CMYK
33 33 45 0

◀ 木色为主色装饰
的空间，散发着质
朴的自然感

CMYK
0 0 0 0

CMYK
51 60 81 7

CMYK
49 44 49 0

◀ 大面积的白色与
米色组合，形成一
种怀旧、回归自然
的空间情绪

② 白色 + 原木色 + 灰色系

CMYK
0 0 0 0

CMYK
50 58 71 4

CMYK
69 63 56 9

▶ 白色为背景色，
大面积原木色和少
量灰色点缀，形成
质朴而又悠闲的空
间氛围

CMYK
0 0 0 0

CMYK
47 67 89 3

CMYK
54 50 50 0

▶ 白色干净简练，
原木色自然、质朴，
灰色低调、稳重，
三者搭配能塑造出
淡雅、平和的空间
环境

③ 白色 + 棕色系

CMYK
0 0 0 0

CMYK
39 60 90 2

CMYK
57 75 100 31

◀ 深棕色与白色的
组合，加强了日式
传统感

CMYK
0 0 0 0

CMYK
49 72 75 25

◀ 白色与棕色系的
搭配，不仅能凸显
日式风格配色特点，
又能塑造淡雅、悠
远的氛围

CMYK
0 0 0 0

CMYK
35 45 71 0

▲ 白色与浅棕色组合，塑造出具有稳定感的朴素、悠然的空间氛围，使人心情变得平和

CMYK
0 0 0 0

CMYK
32 38 49 0

CMYK
48 52 55 0

▲ 茶室配色以浅棕色为主，为了突出淡雅、平和的禅意感，使用白色陈列进行点缀

④ 浊色调绿色点缀

CMYK
57 67 78 17

CMYK
78 59 70 20

▶ 实木色为主的空间，以浊色调的绿色点缀，既能增加空间配色层次，又能凸显日式风格的静雅、平和

CMYK
0 0 0 0

CMYK
47 53 59 2

CMYK
62 55 61 4

▶ 在白色和木色空间中，加入浊色调绿色点缀，可以令配色印象更富张力，且能提升空间的通透感

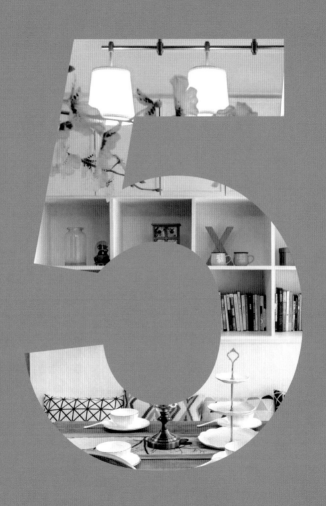

第五章
空间配色

空间服务于人，而空间色彩也是为人创造更良好的使用感。根据空间划分的不同，色彩的搭配的侧重也有所不同，根据空间的功能性来选择色彩的搭配方案，可以使空间更贴合人的心理，营造更加整体的空间氛围感。

一、客厅

客厅色彩是室内设计中非常重要的一个环节，因为从某种意义上来说，客厅配色是整个空间色彩定调的辐射轴心。

1. 配色要点

一般来说，客厅色彩最好以反映热情、好客的暖色调为基础，颜色尽量不要超过三种（黑、白、灰除外）。如果觉得二种颜色太少，则可以调节色彩的明度和彩度。同时，客厅配色可以有较大的色彩跳跃和强烈对比，用以突出重点装饰部位。

2. 配色方案

① 自然、有氧的客厅

CMYK
32 27 47 0

CMYK
65 59 85 21

CMYK
41 74 100 7

CMYK
86 44 59 3

◀ 白色系空间里，棕色家具和绿色家具组合，使整体空间充满清爽、干净的气息

CMYK 52 36 41 1　　CMYK 52 54 73 5　　CMYK 87 82 52 31

▲ 褐色搭配淡色调蓝色，能够使空间氛围更为纯净、朴素，搭配绿色点缀，更增添自然感

CMYK 66 54 45 0　　CMYK 69 70 78 377　　CMYK 82 45 33 0

▲ 棕色系加上蓝色与绿色点缀，充满自然而又纯朴的味道

② 现代都市气息的客厅

CMYK
42 31 27 0

CMYK
28 47 92 0

CMYK
78 25 26 0

CMYK
0 0 0 100

◀ 白色与灰色组合
的空间，搭配蓝灰
色，具有考究、理
性感，加入黄色，
增加了跃动感

CMYK
16 12 11 0

CMYK
45 38 36 0

CMYK
0 0 0 100

◀ 白色系可以带来
干净、简约的视觉
效果，加入黑色和
灰色的点缀，可以
营造出具有个性的
氛围

CMYK
81 44 33 0

CMYK
64 52 45 0

CMYK
37 83 73 0

▲ 以蓝色为主的空间，能够展现出理智、冷静的现代气质

③ 质朴、乡村的客厅

CMYK
49 78 100 17

CMYK
16 66 42 0

CMYK
19 71 83 0

▶ 沉稳气质的棕色，能令空间增
加大气、古朴的氛围

④ 优雅、复古的客厅

CMYK
26 17 20 0

CMYK
27 25 27 0

CMYK
40 22 22 0

◀ 在淡绿色的背景
中，揉入沉稳的暗
浊蓝色，营造出充满
层次感的空间氛围

CMYK
21 25 39 0

CMYK
45 38 27 0

CMYK
28 26 91 0

◀ 白色家具与金色
装饰形成精致的环
境氛围，加入浊色
调蓝色点缀，使整
体空间显得优雅又
不乏时尚感

CMYK
9 5 4 0

CMYK
22 17 15 0

CMYK
87 58 56 13

▶ 以象牙白色为主
色奠定清新、自然
的氛围,加入蓝色
布艺装饰和金色墙
饰为客厅增添典雅
效果

CMYK
9 5 4 0

CMYK
62 71 72 25

CMYK
2 15 91 0

▶ 象牙白家具温软
柔和,搭配金色,
能令空间增加优雅、
精致的氛围

⑤ 大气、古韵的客厅

CMYK
22 23 25 0

CMYK
62 67 71 20

CMYK
12 76 63 0

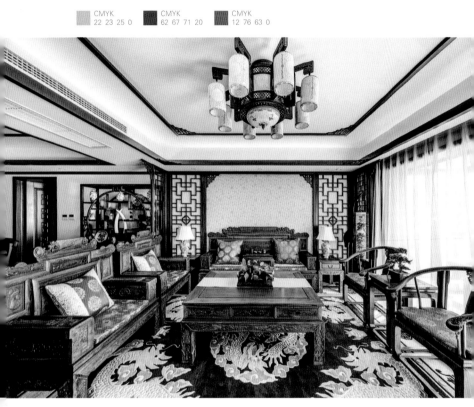

▲ 深棕色与红色的搭配，展现出大气、古朴的气息

CMYK
0 0 0 0

CMYK
29 32 39 0

CMYK
0 0 0 100

CMYK
20 31 56 0

▶ 白色与深木色形成层次分明的古韵氛围，加入黄色点缀，增加热闹、活跃的气氛

CMYK
24 17 20 0

CMYK
36 95 81 2

CMYK
8 12 37 0

▶ 黄色与红色组合，构成鲜明而生动的传统古味客厅空间

⑥ 豪华绚丽的客厅

CMYK	CMYK	CMYK
0 0 0 0	58 81 93 40	71 73 76 43

▲ 白色为背景色，加入棕色和金色搭配，显得大气、豪华

■ CMYK	■ CMYK	■ CMYK	■ CMYK
61 62 74 15	25 14 13 0	93 75 31 7	20 38 57 0

▲ 暗色调的棕色背景色和蓝色搭配，庄重之中不失深远感

二、餐厅

餐厅是进餐的专用场所，具体色彩可根据家庭成员的爱好而定，一般应选择暖调，如深红色、橘红色、橙色等，其中尤其以纯色调、淡色调、明色调的橙黄色最适宜。这类色彩有刺激食欲的功效，不仅能给人以温馨感，而且能提高进餐者的兴致。

1. 配色要点

餐厅应避免将暗沉色用于背景墙，因其会带来压抑感。但如果比较偏爱沉稳的餐厅氛围，则可以考虑将暗色用于餐桌椅等家具，或部分墙面及顶面造型中。餐厅色彩搭配除了需特别注意墙面配色外，桌布色彩也不容忽视。一般来说，桌布选择纯色或多色搭配均可，只需与餐厅整体风格保持协调即可。

2. 配色方案

① 田园氛围的餐厅

CMYK
0 0 0 0

CMYK
62 53 79 8

CMYK
24 42 68 0

◀ 白色餐桌椅古朴、自然，橙色和绿色加入使自然感中多了纯真的韵味

CMYK
0 0 0 0

CMYK
16 41 56 0

CMYK
71 53 84 15

▲ 餐厅家具用木色与白色为主色塑造的自然型空间氛围，绿意盎然的植物则避免了空间的单调和乏味

② 古色古香的餐厅

CMYK
54 81 100 29

CMYK
21 36 53 0

◀ 空间中运用了
深棕色系，塑造出
厚重、沉稳的空间
印象

CMYK
19 22 30 0

CMYK
49 85 99 22

CMYK
18 40 72 0

◀ 蓝色与黄色搭配
的装饰画与棕红色
餐桌椅，构成鲜明
而生动的传统古味
餐厅空间

CMYK
23 27 33 0

CMYK
0 0 0 100

CMYK
20 31 84 0

CMYK
74 34 5 0

▶ 无色系空间以蓝
色和黄色组合，增
加活力的同时又不
失中式韵味

CMYK
46 45 58 0

CMYK
64 83 87 53

▶ 红棕色成熟厚
重，加以白色中和，
形成清丽、内敛的
环境氛围

③ 简约、现代的餐厅

CMYK	CMYK	CMYK	CMYK
0 0 0 0	29 70 0 0	98 60 42 2	3 15 71 0

▲ 高纯度的黄色、粉色与蓝色组成明媚的色彩印象，经过黑色和白色的调节，彰显出餐厅的青春和活力

CMYK
0 0 0 0

CMYK
0 0 0 100

▶ 经典的黑白色搭配，凸显出简洁、明快的用餐氛围

CMYK
0 0 0 0

CMYK
93 73 53 17

CMYK
13 38 42 0

▶ 白色系空间，以蓝色座椅作为点缀，丰富配色层次的同时又有现代感

④ 情调高雅的餐厅

CMYK
0 0 0 0

CMYK
56 61 75 9

CMYK
23 57 73 0

◀ 白色的基本色
为空间奠定素雅的
基调。高雅的金色
吊顶衬托出餐厅的
精致

CMYK
0 0 0 0

CMYK
56 89 100 40

CMYK
67 28 40 0

◀ 蓝绿色的餐椅与
白色系的基本色形
成鲜明的色彩对比，
为餐厅提供了视觉
焦点

CMYK
27 24 29 0

CMYK
33 64 58 0

CMYK
45 48 60 0

▶ 象牙白色为背景
色，暗色调橙色为
主角色，整体风格
时尚、华丽

CMYK
0 0 0 0

CMYK
70 69 66 25

CMYK
25 50 75 0

▶ 无色系空间搭配
金色灯饰装点出餐厅
的高贵、奢华之感

三、卧室

卧室色彩应尽量以暖色调和中性色为主，过冷或反差过大的色调使用时要注意量的把握，不宜过多。

1. 配色要点

卧室的色彩不宜过多，否则会造成视觉上的杂乱感，影响睡眠质量，一般 2~3 种色彩即可。卧室顶部多用白色，显得明亮；地面一般采用深色，避免和家具色彩过于接近，否则会影响空间的立体感和线条感。卧室家具色彩要考虑与墙面、地面等颜色的协调性。浅色家具能扩大空间，使房间明亮；中等深色家具可使空间显得活泼、明快。

2. 配色方案

① 沉稳、古朴的卧室

CMYK
0 0 0 0

CMYK
52 89 99 29

CMYK
87 64 94 48

◄ 白色的软装布艺主色搭配沉稳气质的红棕色，能令空间增加大气、古朴的氛围

| CMYK 58 54 51 1 | CMYK 29 24 23 0 | CMYK 60 76 83 35 | CMYK 29 35 60 0 |

▲ 白色与灰色作为基本的空间配色，与黄色的布艺软装形成色彩上的对比，视觉变化性极强

| CMYK 28 18 14 0 | CMYK 69 81 65 35 | CMYK 88 60 70 0 |

▲ 卧室整体以白色为主，深棕色的加入使卧室氛围变得沉稳起来，再加明亮的蓝色点缀，在增添亮点同时不会减弱古朴感

② 清新、自然的卧室

CMYK
36 36 44 0

CMYK
68 76 85 49

CMYK
33 53 87 0

CMYK
69 64 99 33

◀ 棕色与米色为主
色的空间，加入绿
色和蓝色调和，显
得朴素而又自然

CMYK
0 0 0 0

CMYK
72 26 23 0

CMYK
49 59 64 9

CMYK
72 34 100 0

◀ 棕色家具和蓝色
墙面使空间基调干
净、稳重，搭配上
绿色植物点缀，增
添了清新的感觉

③ 简约、素净的卧室

CMYK
0 0 0 0

CMYK
66 62 60 13

CMYK
46 56 60 0

▶ 卧室整体以灰色为主色，显得低调、稳重，加入棕色与白色，干净、朴素

CMYK
0 0 0 0

CMYK
58 65 75 15

CMYK
27 35 29 0

▶ 白色系的空间以淡粉色点缀，不会显得过于甜嫩，反而更能带来简单、淡雅的感觉

④ 温馨、明朗的卧室

CMYK
0 0 0 0

CMYK
33 49 68 1

CMYK
62 51 49 0

◀ 浅木色地板与家
具、白色墙面构成
了温和的卧室印象，
黄色座凳则为卧室
增添灵动感

CMYK
33 30 35 0

CMYK
89 69 41 3

CMYK
35 47 83 0

◀ 空间整体采用不
同纯度的暖色系，搭
配蓝色系的架子床和
白色床品，令卧室
整体温馨又亮丽

⑤ 轻奢、精致的卧室

CMYK
7 7 13 0

CMYK
29 29 33 0

CMYK
49 75 85 15

▶ 用素雅的米白色
作为卧室的主色，
同时搭配带有浊色
调的橙色家具，能
够塑造出具有贵族
气质的精致型空间

CMYK
53 47 54 0

CMYK
25 14 12 0

CMYK
78 68 35 0

▶ 雅致、稳重的米
灰色背景色搭配上
浊色调紫色软装，
再以少许金色饰品
点缀，展现出优雅、
轻奢的卧室氛围

四、书房

书房是学习、思考的地方，配色上宜选择较为明亮的无彩色或灰棕色等中性色，尽量避免强烈、刺激的色彩。

1. 配色要点

家具和饰品的色彩可以与墙面保持一致，并在其中点缀一些和谐的色彩，如书柜里的小工艺品、墙上的装饰画等，这样可打破略显单调的环境。

2. 配色方案

① 稳重、大方的书房

CMYK
51 69 84 13

CMYK
42 83 100 8

CMYK
0 0 0 0

◀ 白色为背景色，棕色为主角色，两者搭配同样可以带来稳重、大方的书房环境

▲ 棕色系地板和整体书柜为书房奠定稳重、大气的基调，加入金色饰物，可以活跃过于沉闷的气氛

▲ 棕色木纹饰面板与无色系家具形成稳重而大方的氛围

② 古典、气派的书房

CMYK
20 30 43 0

CMYK
55 84 95 38

CMYK
95 76 10 0

▶ 基本色采用柔和的黄色系，与深棕色的家具形成古典气派配色效果，搭配蓝色地毯，令书房独具大气、气派的效果

③ 简洁、朴雅的书房

CMYK
0 0 0 0

CMYK
15 25 36 0

CMYK
0 0 0 100

◀ 浅木色与白色
的组合，既不会显
得单调、乏味，又
能适当增加简雅的
感觉

CMYK
22 22 31 0

CMYK
30 52 70 0

CMYK
78 39 34 0

◀ 浅棕色为主基调，
加入少许的黄色做
点缀，令书房氛围
变得简洁又不会太
单调

④ 时尚、个性的书房

CMYK
0 0 0 0

CMYK
72 88 51 16

CMYK
99 98 47 2

▶ 浓厚色调的紫色与白色搭配，形成强烈的明暗对比，再以高纯度蓝色点缀，视觉效果突出

CMYK
0 0 0 0

CMYK
80 68 40 2

CMYK
22 27 43 0

CMYK
55 92 82 37

▶ 红色与蓝色的对比，带来了颇具吸引力的视觉冲击力，使书房氛围变得具有个性

⑤ 自然、恬静的书房

CMYK
0 0 0 0

CMYK
90 72 64 34

CMYK
22 31 42 0

CMYK
82 40 100 2

◀ 深绿色底色和白
花壁纸搭配浅木色
地板，营造出复古、
恬静的乡村氛围

CMYK
27 16 5 0

CMYK
75 63 34 0

CMYK
67 58 60 7

◀ 整体白色系的书
房，以浊色调蓝色
壁纸搭配，整体呈
现出轻松、自然的
阅读氛围

⑥ 华丽、典雅的书房

CMYK
0 0 0 0

CMYK
46 73 80 9

CMYK
89 82 60 36

▶ 白色和红棕色为主基调的空间里，黑白色地毯的使用减少了沉闷感，使整个书房充满了华丽、典雅的气息

CMYK
0 0 0 0

CMYK
65 65 80 33

CMYK
63 43 31 0

▶ 深棕色为主的书房空间，以金色修饰，可以打破厚重严肃感，增加华丽氛围

五、厨房

厨房的配色最好选择浅色调作为主要配色，不仅可以有"降温"的作用，还具备扩大延伸空间感的作用，可以令厨房不显局促。

1. 配色要点

大面积的浅色调可以用于顶面、墙面，也可以用于橱柜，只需保证用色比例在 60% 以上即可。另外，由于厨房中存在大量金属厨具，缺乏温暖感，因此橱柜色彩可以选择温馨一些的，其中原木色的橱柜最合适。

2. 配色方案

① 现代、时尚的厨房

CMYK
0 0 0 0

CMYK
37 100 100 3

CMYK
25 9 68 0

▶ 经典的红白搭配奠定了亮丽、时尚的基调，黄色地面的搭配，更加显得个性、抢眼

CMYK
0 0 0 0

CMYK
11 13 69 0

CMYK
73 27 9 0

▲ 黄色与蓝色的搭配形成了冷暖的对比，使厨房充满了独特的时尚氛围

② 简约、明快的厨房

CMYK
25 17 18 0

CMYK
6 12 23 0

CMYK
21 40 65 0

◀ 浅灰色橱柜使厨房空间看起来更有质感、更考究

CMYK
0 0 0 0

CMYK
28 23 23 0

CMYK
0 0 0 100

◀ 厨房空间大面积色彩为无色系，利用层次搭配来避免单调

③ 自然、活力的厨房

CMYK
0 0 0 0

CMYK
8 21 15 0

CMYK
82 58 100 33

▶ 白色系厨房，以绿色点缀，在保持干净、明快的基础上增添了自然、生机感

CMYK
0 0 0 0

CMYK
28 42 50 0

CMYK
64 30 100 0

▶白色与木色的搭配，带来了纯朴的基调，绿色植物装饰的同时也增加了自然、活力

六、卫浴间

卫浴间对于色彩的选择并没有什么特殊禁忌，仅需注意缺乏透明度与纯净感的色彩要少量运用，而干净、清爽的浅色调非常适合卫浴间。

1. 配色要点

在适合大面积运用的色调中，如果再运用其中的冷色调（蓝、绿色系）来布置卫浴间，更能体现出清爽感，而像无色系中的白色也是非常适合卫浴间大面积使用的色彩，淡灰色和黑色最好只作为点缀出现。

2. 配色方案

① 现代、极简的卫浴间

CMYK
0 0 0 0

CMYK
36 43 50 0

▶ 木色为背景色，白色为主角色，从而形成简朴但带有质感的氛围

CMYK
0 0 0 0

CMYK
0 0 0 100

CMYK
11 18 35 0

▲ 局部大面积的黑色使用，反而不显沉重，以金色搭配，烘托出精致和极具内涵的氛围

CMYK
0 0 0 0

CMYK
0 0 0 100

CMYK
5 31 49 1

◀ 白色系空间，加入黑色与金色搭配，既能保证卫浴间的简约、利落，同时也能增加现代感

CMYK
0 0 0 0

CMYK
0 0 0 100

◀ 白色为背景色，黑色为主角，搭配起来显得简洁、干净

② 清爽、自然的卫浴间

CMYK
0 0 0 0

CMYK
46 79 95 11

▶ 白色系卫浴间干净、清爽，以绿色植物点缀，可以增添自然、生机

CMYK
0 0 0 0

CMYK
49 22 100 0

▶ 绿色背景墙充满了清爽的自然感

③ 优雅、浪漫的卫浴间

CMYK
0 0 0 0

CMYK
28 42 60 0

▶ 白色系卫浴间干净、清爽，以绿色植物点缀，可以增添自然、生机

CMYK
0 0 0 0

CMYK
50 41 39 0

▶ 灰色与米黄色欧式花纹壁纸，充满了优雅、浪漫的欧式风情

④ 时尚、独特的卫浴间

CMYK
0 0 0 0

CMYK
74 67 55 14

CMYK
0 71 93 0

▶ 深灰色马赛克与木纹浴室柜
呼应，形成冷硬、现代的空间
印象

CMYK
0 0 0 0

CMYK
41 42 50 0

CMYK
79 54 100 21

▶ 独特个性的水泥棕灰色，营
造出氛围时尚、特别的卫浴间

七、玄关

玄关是从大门进入客厅的缓冲区域，一般面积都不大，并且光线也相对暗淡，因此最好选择浅淡的色彩，可以清爽的中性偏暖色调为主。

1. 配色要点

如果玄关与客厅一体，则可以保持和客厅相同的配色，但依然以白色或浅色为主。在具体配色时，可以遵循吊顶颜色最浅、地板颜色最深、墙壁颜色介于两者之间做过渡的形式，能带来视觉上的稳定感。

2. 配色方案

① 极简、明快的玄关

CMYK
0 0 0 0

CMYK
21 34 44 0

◀ 白色墙面色和浅木色地面色构成玄关空间的主要两种色彩，所以显得简单、明快

CMYK
8 8 11 0

CMYK
19 29 56 0

▲ 米白色系的空间，仅以木色点缀，散发出朴素、平和的极简感

CMYK
9 7 7 0

CMYK
32 43 58 0

▲ 白色与浅木色的搭配使玄关的简洁、明快表现得更加突出，给人一种干净、简练的美感

② 自然、恬静的玄关

CMYK
26 31 41 0

CMYK
58 71 79 22

CMYK
80 54 100 19

◀ 米黄色的背景色搭配上棕色系主角色和绿色点缀色，突出温馨、柔和的同时也不失自然感

CMYK
51 33 9 0

CMYK
7 47 47 0

CMYK
27 21 22 0

CMYK
66 45 100 4

◀ 大面积的浊色调对比，形成不太强烈的恬静感，高纯度绿色点缀，提升玄关的活力感

③ 温馨、甜美的玄关

CMYK	CMYK	CMYK
14 36 46 0	9 51 38 0	30 74 56 0

▲不同纯度的橙色系搭配，形成稳定的配色基调，给人一种温馨、安定的整体感觉

第六章
空间配色意象

　　室内空间氛围的呈现，依赖于色彩的不同搭配方式，而色彩搭配的灵感，可以从身边的景观、生物或物品来获取。想要营造出居住者喜好的空间氛围，可以选择多样的配色意象，从中再寻找出合适的配色方案。

一、活力

活力型家居配色主要来源于生活中多样的配色，常依靠高纯度的暖色作为主色，搭配白色、冷色或中性色，能够使活力的感觉更强烈。另外，活力感的塑造需要高纯度色调，若有冷色组合，冷色的色调越纯，效果越强烈。

1. 配色表

对比配色

CMYK	CMYK	CMYK	CMYK
0 76 39 0	50 0 82 0	10 0 83 0	71 89 0 0

以高纯度的暖色为主角色，并将其用在墙面或家具上，搭配对比或互补的色彩，例如红与绿、红与蓝、黄与蓝、黄与紫等，可以使空间具有活力感。

暖色系

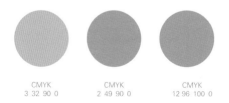

CMYK	CMYK	CMYK
3 32 90 0	2 49 90 0	12 96 100 0

用高纯度暖色系中的两种或三种色彩做组合，能够塑造出最具活力感的配色印象。如果用具有活力的橙色作为主角色，搭配白色和少量黄色，则能塑造出明快的色彩印象。

2. 配色意象

CMYK 76 40 0 0

CMYK 11 60 0 0

CMYK 21 5 88 0

CMYK 88 52 41 0

CMYK 22 69 99 0

CMYK 47 100 100 22

CMYK 70 40 87 1

CMYK 7 8 74 0

3. 配色方案

① 对比配色

	CMYK 0 0 0 0		CMYK 84 47 43 0		CMYK 13 85 100 0

CMYK	CMYK	CMYK	CMYK
0 0 0 0	95 80 48 13	5 31 85 0	28 2 10 0

② 暖色系

CMYK	CMYK	CMYK
18 26 34 0	11 27 16 0	11 6 43 0

CMYK
0 0 0 0

CMYK
36 39 72 0

CMYK
74 73 70 39

CMYK
0 0 0 0

CMYK
16 45 36 0

CMYK
62 33 62 0

CMYK
0 0 0 0

CMYK
20 25 83 0

CMYK
22 99 100 0

③ 单暖色 + 白色

CMYK
0 0 0 0

CMYK
10 74 33 0

CMYK
83 48 14 0

CMYK
19 16 20 0

CMYK
13 43 83 0

CMYK
42 53 62 0

④ 多彩色组合

■ CMYK	■ CMYK	■ CMYK
19 28 65 0	85 75 38 1	27 25 24 0

■ CMYK	■ CMYK	■ CMYK	■ CMYK
25 38 57 0	67 11 22 0	16 67 89 0	98 78 49 14

CMYK
30 43 85 0

CMYK
7 22 25 0

CMYK
42 90 95 8

CMYK
63 40 59 0

CMYK
26 34 49 0

CMYK
75 57 20 0

CMYK
33 50 28 0

CMYK
11 78 85 0

二、华丽

华丽型家居配色可以参考欧式宫廷，以及彩纱华服配色。常以暖色系为中心，如金色、红色和橙色，也常见中性色中的紫色和紫红色，这些色相的浓、暗色调具有豪华、奢靡的视觉感受。材质上可以选择金箔、银箔壁纸，以及琉璃工艺品，来增加华丽感觉。

1. 配色表

暗浊色调

CMYK	CMYK	CMYK	CMYK
42 63 100 2	96 100 50 7	85 100 35 1	45 96 86 12

　　暗色调或浓色调的色相常给人稳重、成熟的视觉感受，暖色系和中性色的浓、暗色调，不论是搭配无色系或是金色、银色，都能展现出豪华、奢靡的环境效果。

紫色系

CMYK	CMYK	CMYK
60 96 11 0	67 98 0 0	31 90 7 0

　　表现出华丽的配色中少不了纯度较高的紫色系色彩的运用，并且要将不同色相的色彩搭配在一起，才能体现出华丽的感觉。在给人华丽感受的配色中应该尽量少用高明度的色彩搭配。

2. 配色意象

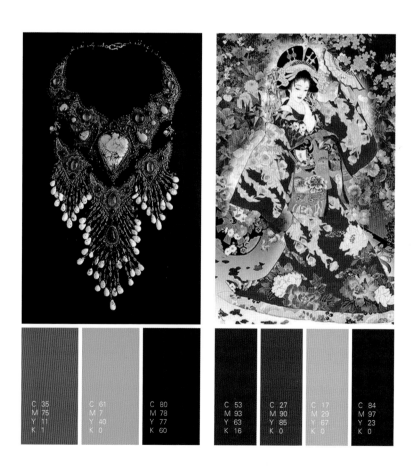

3. 配色方案

① 紫色系

CMYK
6 10 14 0

CMYK
38 38 20 0

CMYK
57 84 63 18

CMYK
18 32 39 0

CMYK
20 16 18 0

CMYK
94 97 55 33

CMYK
45 43 60 5

CMYK
8 6 6 0

CMYK
70 61 44 1

CMYK
57 59 72 8

CMYK
84 82 80 68

CMYK
28 25 28 0

CMYK
23 46 66 4

CMYK
75 70 50 9

② 暗浊色调蓝色系

CMYK	CMYK	CMYK
20 19 23 0	58 73 90 32	69 60 58 8

CMYK	CMYK	CMYK
37 35 36 0	76 49 0 0	25 48 78 0

CMYK
93 71 39 0

CMYK
54 22 22 0

CMYK
11 8 6 0

CMYK
12 14 62 0

③ 金色系

CMYK
18 19 25 0

CMYK
54 80 88 27

CMYK
40 28 26 0

CMYK
0 0 0 0

CMYK
72 44 2 0

CMYK
30 43 85 0

CMYK
36 21 21 0

CMYK
29 31 52 0

CMYK
7 5 5 0

CMYK
27 36 70 0

CMYK
18 29 22 0

CMYK
78 75 71 46

三、浪漫

浪漫型家居配色取自婚纱、薰衣草等带有唯美气息的物件，常运用明色调、微浊色调的粉色、紫色、蓝色等。如果用多种色彩组合表现浪漫感，最安全的做法是用白色、灰色或根据喜好选择其中一种色彩作为背景色，其他色彩有主次地分布。材质上可以选择丝绸质地，体现带有高贵感的浪漫空间。

1. 配色表

粉色系

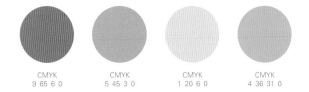

CMYK	CMYK	CMYK	CMYK
9 65 6 0	5 45 3 0	1 20 6 0	4 36 31 0

或明亮、或柔和的粉色都能够给人朦胧、梦幻的感觉，将此类色调的粉色作为背景色，浪漫的氛围最强烈；若同时搭配黄色则更甜美，搭配蓝色则更纯真，搭配白色会显得很干净。

淡雅紫色系

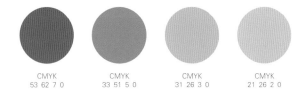

CMYK	CMYK	CMYK	CMYK
53 62 7 0	33 51 5 0	31 26 3 0	21 26 2 0

淡雅的紫色具有浪漫的感觉，同时还具有高雅感。浪漫型的空间中，可以在紫色系中加入粉色与蓝色，这样的色彩最能表达出空间印象。

2. 配色意象

CMYK　64 24 0 0

CMYK　4 34 9 0

CMYK　29 14 69 0

C 29	C 18	C 23	C 80
M 56	M 17	M 72	M 58
Y 31	Y 23	Y 2	Y 65
K 0	K 0	K 0	K 15

C 33	C 7	C 84	C 76
M 62	M 18	M 51	M 60
Y 1	Y 40	Y 100	Y 18
K 0	K 0	K 20	K 0

3. 配色方案

① 粉色系

CMYK
0 0 0 0

CMYK
17 40 37 0

CMYK
59 39 30 0

CMYK
49 44 36 0

CMYK
16 38 16 0

CMYK
55 55 59 0

CMYK
45 27 41 0

CMYK
62 27 30 0

② 淡紫色 + 白色

CMYK	CMYK	CMYK
0 0 0 0	59 78 47 4	61 54 27 0

CMYK	CMYK	CMYK
0 0 0 0	61 51 25 0	89 63 98 45

③ 明色调组合

□ CMYK	■ CMYK	■ CMYK
0 0 0 0	99 90 46 12	47 72 100 11

CMYK
48 58 66 1

CMYK
15 96 46 0

CMYK
88 61 27 0

CMYK
22 51 94 0

④ 淡蓝色＋粉色

	CMYK		CMYK		CMYK
	0 0 0 0		27 13 16 0		40 58 48 0

	CMYK		CMYK		CMYK		CMYK
	0 0 0 0		40 24 21 0		18 27 89 0		43 72 42 0

CMYK
38 22 20 0

CMYK
71 53 54 2

CMYK
22 30 18 0

四、温馨

温馨型家居的配色来源主要为阳光、麦田等带有暖度的物品；水果中的橙子、香蕉、樱桃等所具有的色彩，也是温馨家居的配色来源。配色时主要依靠纯色调、明色调、微浊色调的暖色作主色，如黄色系、橙色系、红色系。材质上可以选择棉、麻、木、藤来体现温暖感。

1. 配色表

黄色系

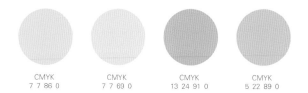

CMYK	CMYK	CMYK	CMYK
7 7 86 0	7 7 69 0	13 24 91 0	5 22 89 0

黄色系是来源于阳光的色彩，用于空间配色中，可以营造出充满温馨感的氛围。黄色系尤其适用于餐厅及卧室的配色；如果用作玄关的配色，则令人一进屋就能感受到温暖。

橙色系

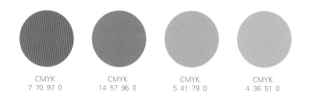

CMYK	CMYK	CMYK	CMYK
7 70 97 0	14 57 96 0	5 41 79 0	4 36 51 0

橙色系用于温馨型家居，相较于黄色系，会显得更有安全感。其中，较深的橙色系，适合用于卧室，可以令睡眠环境更沉稳；较浅的橙色系，适用于玄关，令小空间显得更明亮。

2. 配色意象

CMYK 78 49 0 0

CMYK 0 0 0 0

CMYK 70 40 87 1

CMYK 7 0 77 0

CMYK 55 74 100 25

CMYK 9 14 77 0

CMYK 11 35 79 0

CMYK 57 11 12 0

3. 配色方案

① 黄色系

CMYK
18 27 34 0

CMYK
25 40 90 0

CMYK
0 0 0 0

CMYK
8 17 82 0

CMYK
0 46 35 0

CMYK
27 38 92 0

CMYK
66 40 100 1

CMYK
76 68 63 23

CMYK
0 0 0 0

CMYK
8 19 85 0

CMYK
66 57 59 8

CMYK
0 0 0 0

CMYK
75 63 51 9

CMYK
0 24 92 0

② 橙色系

CMYK
13 11 17 0

CMYK
52 27 29 0

CMYK
31 76 99 0

CMYK
0 0 0 0

CMYK
30 49 55 0

CMYK
23 77 84 0

CMYK
83 73 47 14

CMYK
38 78 100 3

CMYK
22 36 56 0

CMYK
13 49 80 0

CMYK
22 16 27 0

CMYK
0 0 0 100

③ 木色系

	CMYK		CMYK
	0 0 0 0		33 41 51 0

	CMYK		CMYK		CMYK		CMYK
	0 0 0 0		24 31 38 0		10 13 55 0		56 38 30 0

④ 黄色 / 木色 + 红色

	CMYK		CMYK		CMYK
	34 38 48 0		37 87 84 2		71 46 100 6

	CMYK		CMYK		CMYK		CMYK
	0 0 0 0		5 29 21 0		80 29 44 0		19 51 72 0

五、自然

自然型家居取色于大自然中的泥土、绿植、花卉等，色彩丰富中不失沉稳。其中以绿色最为常用，其次为栗色、棕色、浅茶色等大地色系。材质则主要为木质、纯棉，可以给人带来温暖的感觉。

1. 配色表

绿色系

CMYK	CMYK	CMYK	CMYK
23 5 60 0	29 2 88 0	42 5 79 0	62 13 67 0

绿色是最具代表性的自然印象的色彩，能够给人带来希望、欣欣向荣的氛围，若在组合中同时加入白色，显得更为清新，而搭配大地色则更有回归自然的感觉。

大地色系

CMYK	CMYK	CMYK	CMYK
31 52 81 0	37 53 71 0	55 76 100 28	54 73 100 24

大地色系是与泥土最接近的颜色，常用的有棕色、茶色、红褐色、栗色等，将它们按照不同的色调进行组合，再加入一些浅色，作为空间的配色，能够使人感觉可靠、稳定。

2. 配色意象

CMYK 43 0 78 0

CMYK 73 31 100 0

CMYK 45 23 4 0

CMYK 47 62 100 5

CMYK 59 76 86 31

CMYK 13 37 83 0

3. 配色方案

① 绿色系

CMYK
0 0 0 0

CMYK
42 24 33 0

CMYK
38 56 65 0

CMYK
66 32 86 0

CMYK
0 0 0 0

CMYK
76 49 95 10

CMYK
0 0 0 0

CMYK
22 26 30 0

CMYK
75 43 67 2

CMYK
0 0 0 0

CMYK
62 40 47 0

CMYK
54 65 85 13

② 绿色系 + 黄色系

	CMYK		CMYK		CMYK
	80 36 49 0		0 0 0 100		40 46 82 0

	CMYK		CMYK		CMYK		CMYK
	0 0 0 0		41 29 43 0		47 64 70 3		41 43 56 0

CMYK
0 0 0 0

CMYK
30 41 56 4

CMYK
60 34 86 0

CMYK
0 0 0 0

CMYK
72 42 58 0

CMYK
22 32 89 0

③ 大地色系

☐ CMYK　■ CMYK
0 0 0 0　　60 79 93 43

☐ CMYK　■ CMYK　■ CMYK
0 0 0 0　　10 41 50 0　　0 0 0 100

④ 绿色系 + 红色 / 粉色点缀

CMYK	CMYK	CMYK	CMYK
59 31 80 0	22 39 62 0	36 100 89 0	32 42 0 0

六、清新

清新型家居的取色来源于大海和天空，自然界中的绿色也带有一定的清凉感。配色时宜采用淡蓝色或淡绿色为主色，并运用低对比度融合性的配色手法。另外，无论蓝色还是绿色，单独使用时都建议与白色组合，能够使清新感更强烈。在材质上，轻薄的纱帘十分适用。

1. 配色表

淡蓝色系

CMYK	CMYK	CMYK	CMYK
32 3 21 0	16 1 7 0	46 14 13 0	38 3 13 0

表现具有清新感的空间，宜采用淡蓝色或淡绿色为配色主体。低对比度融合性配色，是清新型配色的最显著特点。另外，无论是蓝色，还是绿色，单独使用时，都建议与白色组合，白色可作背景色，也可作主角色，能够使清新感更强烈。

淡绿色系

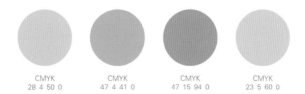

CMYK	CMYK	CMYK	CMYK
28 4 50 0	47 4 41 0	47 15 94 0	23 5 60 0

与淡蓝色系相比，中性色的淡绿色或淡浊绿色，清新中又带有自然感，可以令空间环境显得更加惬意，而不会让人觉得过于冷清。

2. 配色意象

CMYK 0 0 0 0

CMYK 43 14 10 0

CMYK 24 64 85 0

CMYK 53 24 69 0

CMYK 5 7 5 0

CMYK 62 15 38 0

CMYK 7 40 78 0

3. 配色方案

① 淡蓝色系

CMYK
0 0 0 0

CMYK
44 19 24 0

CMYK
27 34 36 0

CMYK
0 0 0 0

CMYK
66 27 13 0

CMYK
0 0 0 0

CMYK
67 29 41 0

CMYK
33 96 79 1

CMYK
0 0 0 0

CMYK
44 16 15 0

② 淡绿色系

CMYK	CMYK	CMYK
0 0 0 0	42 18 31 0	22 27 33 0

CMYK	CMYK	CMYK
0 0 0 0	62 31 46 0	22 21 19 0

CMYK
0 0 0 0

CMYK
22 7 38 0

CMYK
73 84 94 69

③ 蓝色系 + 绿色系

CMYK
0 0 0 0

CMYK
73 57 46 2

CMYK
55 35 42 0

CMYK
64 68 67 20

CMYK
54 40 36 0

CMYK
93 76 58 27

CMYK
71 45 100 3

④ 浅灰色系

CMYK	CMYK	CMYK
49 42 42 0	43 48 55 0	55 66 97 17

CMYK	CMYK
40 26 27 0	70 58 49 4

七、朴素

朴素的色彩印象主要依靠无色系、蓝色、茶色系几种色系的组合来表达，除了白色、黑色，色调以浊色、淡浊色、暗色为主。朴素型的家具线条大多横平竖直，较为简洁，空间少见复杂的造型，材质上多见棉麻制品。

1. 配色表

无色系

以无彩色系中的黑、白、灰其中的两种或三种组合作为空间中的主要配色，能够塑造出具有素雅感的配色印象。如果在配色时加入少量银色，则可以令空间环境更为时尚。

茶色系

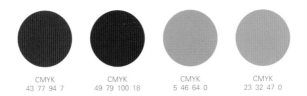

茶色系时尚中带有高雅感，是表现朴素色彩印象中不可缺少的色彩之一。茶色系一般包括咖啡色、卡其色、浅棕色等，属于比较中立的色彩。避免与黑色、灰色或暗浊色搭配，否则会导致空间氛围变得冷硬。

2. 配色意象

C	66	C	43	C	21	C	77	C	30	C	15
M	65	M	38	M	22	M	71	M	15	M	45
Y	81	Y	43	Y	34	Y	62	Y	9	Y	3
K	27	K	0	K	0	K	24	K	0	K	0

3. 配色方案

① 无色系

CMYK
0 0 0 0

CMYK
51 58 66 4

CMYK
0 0 0 100

CMYK
0 0 0 0

CMYK
22 39 43 0

CMYK
28 22 21 0

CMYK
0 0 0 0

CMYK
28 47 56 0

② 灰色系

■ CMYK
62 50 49 0

■ CMYK
31 41 51 0

■ CMYK
34 27 25 0

■ CMYK
18 25 32 0

③ 蓝色系

CMYK
7 4 9 0　　CMYK
39 54 69 0　　CMYK
72 22 43 0

CMYK
29 23 13 0　　CMYK
37 46 41 0　　CMYK
68 53 1 0

④ 茶色系

CMYK
0 0 0 0

CMYK
16 22 30 0

CMYK
22 18 22 0

CMYK
0 0 0 0

CMYK
20 31 42 0

CMYK
7 6 9 0

CMYK
22 35 55 0

CMYK
0 0 0 0

CMYK
74 67 61 18

CMYK
11 22 40 0

八、禅意

禅意型家居通常会选择一些淡雅、自然的色彩作为空间主色，且很少使用多余色彩，多偏重于浅木色，也会出现少量浊色调蓝色、红色等点缀色彩。禅意型家居相对于朴素型家居更注重意境的营造，往往给人一种以节制、深邃的感受。

1. 配色表

浅木色

CMYK
31 37 47 0 21 26 49 0 27 46 63 0

木色给人一种宁静、淡雅的感觉，其中以淡色调为主的木色，搭配白色或米色，最能够表现出沉静、素雅的禅意色彩印象。

浊色调

CMYK
84 70 70 39 69 86 50 12 93 86 46 13 49 99 97 27

禅意空间的打造，尽量避免纯度和明度过高的色彩。纯度和明度过高的色彩容易带来视觉冲击，打破空间的清幽感，破坏禅意韵味，而浊色调则更适合体现悠远、深厚的禅意意境。

2. 配色意象

CMYK　78 64 73 29

CMYK　31 48 62 0

CMYK　42 96 51 2

C 55	C 69	C 72	C 80	C 68	C 42	C 51	C 8
M 56	M 77	M 64	M 54	M 74	M 47	M 98	M 7
Y 68	Y 84	Y 75	Y 99	Y 87	Y 58	Y 100	Y 9
K 4	K 49	K 31	K 23	K 45	K 0	K 34	K 0

3. 配色方案

① 浅木色

CMYK
0 0 0 0

CMYK
16 18 21 0

CMYK
38 24 18 0

CMYK
0 0 0 0

CMYK
18 25 35 0

CMYK
0 0 0 0

CMYK
19 26 32 0

CMYK
0 0 0 0

CMYK
24 27 34 0

CMYK
45 38 35 0

② 浊色调

	CMYK		CMYK		CMYK
	0 0 0 0		45 27 28 0		25 39 40 0

CMYK 45 35 31 0   CMYK 16 36 47 0   CMYK 76 78 73 51

CMYK 0 0 0 0   CMYK 43 36 35 0   CMYK 52 60 66 4

③ 浅木色 + 深棕色

CMYK	CMYK	CMYK
33 29 32 0	75 79 80 59	28 43 66 1

CMYK	CMYK	CMYK
0 0 0 0	70 74 76 43	37 51 64 0

CMYK
27 20 31 0

 CMYK
63 61 63 9

 CMYK
40 53 66 1

 CMYK
0 0 0 0

CMYK
72 72 79 45

 CMYK
45 54 76 0

 CMYK
51 46 49 0

九、传统

传统型家居配色最重要的是体现出时间积淀，老木、深秋落叶、带有历史感的建筑，能很好体现出这一特征。配色时主要依靠暗色调、暗浊色调的暖色及黑色体现，常用近似色调。材质上多用木材，可以打造出带有温暖感的传统型家居。

1. 配色表

暗暖色

| CMYK | CMYK | CMYK | CMYK |
| 59 76 100 38 | 71 87 87 66 | 43 68 100 4 | 52 100 100 37 |

以暗浊色调及暗色调的咖啡色、巧克力色、暗橙色、绛红色等作为空间的主要色彩，能够塑造出兼具传统韵味的空间环境。

中性色点缀

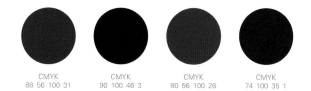

| CMYK | CMYK | CMYK | CMYK |
| 88 56 100 31 | 90 100 46 3 | 80 56 100 26 | 74 100 35 1 |

仍然以暗色调或浊色调暖色系为配色中心，在组合中加入暗紫色、深绿色等与主色为近似色调的中性色，能够塑造出具有格调感的厚重色彩印象。

2. 配色意象

C 44	C 48	C 21	C 18	C 55	C 80	C 22	
M 64	M 82	M 100	M 24	M 90	M 79	M 94	
Y 73	Y 82	Y 100	Y 35	Y 98	Y 67	Y 93	
K 3	K 16	K 0	K 0	K 41	K 61	K 0	

3. 配色方案

① 暗暖色

CMYK
16 19 25 0

CMYK
58 68 82 23

② 黑色系

■ CMYK
0 0 0 100

■ CMYK
37 93 100 2

■ CMYK
21 27 63 0

CMYK
69 71 79 40

CMYK
27 44 75 0

CMYK
15 76 38 0

CMYK
90 87 85 76

CMYK
45 92 87 13

CMYK
0 0 0 0

③ 暗暖色 + 暗冷色

CMYK
35 27 26 0

CMYK
51 73 82 15

CMYK
86 70 36 2

CMYK
56 88 99 44

CMYK
78 65 64 22

CMYK
22 41 76 0

④ 中性色点缀

■ CMYK
36 30 35 0

■ CMYK
61 58 53 2

■ CMYK
18 19 21 0

CMYK
18 16 19 0

CMYK
11 19 29 0

CMYK
78 49 83 10

CMYK
31 24 30 0

CMYK
62 53 49 1

CMYK
83 58 65 18

CMYK
34 31 66 0

十、商务

商务型家居配色体现的是理性思维，配色来源于带有都市感的钢筋水泥大楼、高科技的电子产品等。因此，无彩色系中的黑色、灰色、银色等色彩与低纯度的冷色搭配较为适合。材质上可以选择金属、玻璃、大理石等冷材质。

1. 配色表

冷色系

CMYK	CMYK	CMYK	CMYK
41 31 4 0	97 88 25 0	86 54 100 26	81 95 34 2

冷色系一般给人冷静、理性的感觉，其中以微浊色调、暗浊色调为主的蓝色、紫色等冷色系色彩，搭配灰色或黑色，能够表现出具有素雅感的都市色彩印象。

无色系组合

CMYK	CMYK	CMYK
0 0 0 0	0 0 0 100	0 0 0 50

黑色、白色、灰色这类无彩色系，最能体现出商务型家居冷静、理性的印象。若同时搭配金、银这两种无彩色系，则能令空间的时尚感更强，塑造出带有低调华丽感的商务型家居。

2. 配色意象

C 90	C 0	C 68	C 59	C 12	C 78
M 85	M 0	M 87	M 72	M 23	M 79
Y 81	Y 0	Y 100	Y 82	Y 41	Y 81
K 71	K 0	K 63	K 28	K 0	K 62

CMYK 60 34 23 0

CMYK 31 49 73 0

CMYK 64 69 75 21

3. 配色方案

① 冷色系

 CMYK
0 0 0 0

CMYK
56 38 25 0

CMYK
21 34 55 0

CMYK
69 68 74 32

CMYK
0 0 0 0

CMYK
0 0 0 100

CMYK
80 59 63 13

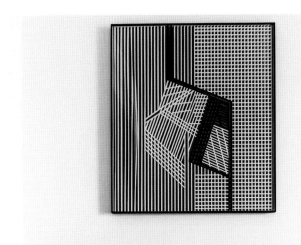

CMYK	CMYK	CMYK	CMYK
0 0 0 0	87 33 3 0	77 69 63 25	38 84 73 2

② 茶色系点缀

CMYK
0 0 0 0

CMYK
73 67 57 16

CMYK
27 34 44 0

CMYK
0 0 0 0

CMYK
47 72 73 6

③ 红色系点缀

CMYK
25 25 29 0

CMYK
23 33 59 0

CMYK
55 91 90 50

④ 无色系组合

CMYK	CMYK	CMYK
0 0 0 0	42 34 31 0	78 73 73 44

CMYK
0 0 0 0

CMYK
21 20 15 0

CMYK
0 0 0 100

CMYK
82 76 66 40

CMYK
25 65 81 0

CMYK
0 0 0 0

CMYK
0 0 0 100

CMYK
52 53 61 2

十一、理性

在设计时可以运用蓝色或者黑、灰等无色系结合表现，也可将高明度或浊色调的黄色、橙色、红色作为点缀色，但需控制比重，通常来说居于主要地位的大面积色彩，除了白色、灰色外，不建议明度过高。

1. 配色表

对比色

| CMYK | CMYK | CMYK | CMYK |
| 42 100 100 8 | 100 100 55 5 | 33 31 97 0 | 78 19 52 0 |

选择暗色调或者浊色调的冷色和暖色组合，通过强烈的色相对比，既能营造出力量感和厚重感，也可以展现出理性感。除此之外，还可以通过色调对比来表现，例如浅蓝色和黑色组合。

浊暖色

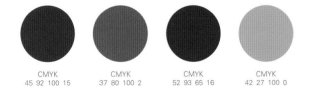

| CMYK | CMYK | CMYK | CMYK |
| 45 92 100 15 | 37 80 100 2 | 52 93 65 16 | 42 27 100 0 |

浊暖色能够展现出厚重、坚实的理性气质，如深茶色、棕色等，此类色彩通常还具有传统感。在设计时还可以少量加入明色调的点缀色，来中和暗色调的暗沉感。

2. 配色意象

CMYK　9　3　2　0

CMYK　30　44　55　0

CMYK　60　98　100　55

CMYK　86　91　58　43

CMYK　47　89　100　1

CMYK　69　58　56　5

3. 配色方案

① 浊暖色

CMYK
47 44 44 0

CMYK
44 59 63 1

CMYK
28 40 86 1

CMYK
24 18 21 0

CMYK
54 73 87 21

CMYK
23 47 58 0

② 对比色

CMYK	CMYK	CMYK	CMYK
9 6 2 0	35 33 34 0	44 100 100 11	91 89 28 0

③ 黑色、白色、灰色

CMYK
7 4 9 0

CMYK
58 51 49 0

CMYK
0 0 0 100

CMYK
7 4 9 0

CMYK
0 0 0 100

CMYK
53 73 99 21

④ 暗色调或浊色调的中性色

CMYK
73 51 57 4

CMYK
25 21 24 0

CMYK
60 51 45 0

CMYK
45 36 34 0

CMYK
82 57 83 26

CMYK
0 0 0 100

⑤ 蓝色 + 灰色

CMYK
36 20 17 0

CMYK
0 0 0 100

CMYK
78 45 0 0

CMYK
57 45 37 0

CMYK
0 0 0 100

CMYK
50 50 85 4

十二、温柔

温柔型家居在使用色相方面基本没有限制，即使是黑色、蓝色、灰色也可以应用，但需要注意色调的选择，避免过于深暗的色调及强对比。另外，红色、粉色、紫色等具有强烈感性主义的色彩在空间中运用十分广泛，但同样应注意色相不宜过于暗淡、深重。

1. 配色表

女性色 + 无色系

CMYK	CMYK	CMYK	CMYK
0 0 0 0	65 95 35 1	38 99 99 4	35 94 49 0

以粉色、红色、紫色等女性代表色为主色，加入灰色、黑色等无彩色搭配。当灰色占据主体地位时，不建议采用深色或暗色；当蓝灰色作主角色，空间配色具有格调。

糖果色

CMYK	CMYK	CMYK	CMYK
0 44 23 0	36 2 13 0	46 0 37 0	13 0 83 0

糖果色以粉色、粉蓝色、粉绿色、粉黄色、明艳紫、柠檬黄、宝石蓝和芥末绿等甜蜜的女性色彩为主色调。糖果色的空间中可以大胆使用明亮而激情的撞色，同时运用白色来调和，可以令整个氛围既热情又不会过于刺激。

2. 配色意象

C 34	C 47	C 11	C 64	C 55	C 45
M 100	M 0	M 49	M 95	M 57	M 11
Y 99	Y 49	Y 66	Y 27	Y 37	Y 96
K 3	K 0	K 0	K 0	K 0	K 0

3. 配色方案

① 女性色 + 无色系

CMYK
84 68 44 4

CMYK
63 92 39 1

CMYK
12 7 13 0

CMYK
49 55 13 0

CMYK
68 97 50 15

CMYK
8 6 9 0

CMYK
32 18 26 0

CMYK
72 62 54 7

CMYK
37 20 15 0

CMYK
22 39 75 0

CMYK
42 9 9 0

CMYK
11 74 72 0

CMYK
8 6 9 0

② 糖果色

CMYK
22 39 31 0

CMYK
31 45 55 0

CMYK
82 60 90 53

CMYK
18 42 26 0

CMYK
67 33 40 0

CMYK
85 80 53 19

CMYK
0 0 0 0

十三、童趣

童趣型家居通常会选择一些鲜艳、亮丽的色彩作为空间主色，也常使用其他色彩进行混搭，充满活力感的高明度色彩可以作为配角色或点缀色出现，增加积极向上的环境氛围。童趣型家居要避免黑色、深灰色作为主色，否则会容易导致空间氛围沉闷，失去童趣感。

1. 配色表

色彩混搭

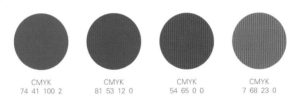

CMYK	CMYK	CMYK	CMYK
74 41 100 2	81 53 12 0	54 65 0 0	7 68 23 0

多色混搭是童趣型家居空间最常见的配色方式，能够表现出活泼、天真的特点。男孩房可以用蓝、绿色作主色，而女孩房可以用粉色、紫色、绿色等作主色。

黄色 / 橙色

CMYK	CMYK	CMYK
16 0 82 0	9 59 94 0	18 38 94 0

黄色和橙色既适合用在女孩房也适合用在男孩房，其中浊色调的橙色可以表现出女孩活泼的一面，而明黄色则融合了力量感和活泼感，比较适合男孩房的配色。

2. 配色意象

CMYK 8 13 20 0

CMYK 12 99 100 0

CMYK 5 27 90 0

CMYK 25 46 78 0

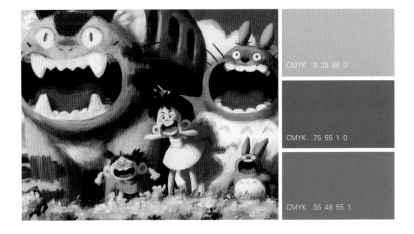

CMYK 9 29 89 0

CMYK 75 55 1 0

CMYK 55 48 55 1

3. 配色方案

① 色彩混搭

CMYK
0 0 0 0

CMYK
23 33 82 0

CMYK
95 90 47 15

CMYK
0 0 0 0

CMYK
25 49 63 0

CMYK
71 26 6 0

CMYK
11 14 83 0

CMYK
0 0 0 0

CMYK
0 48 60 0

CMYK
44 100 92 13

CMYK
67 47 95 7

② 黄色 / 橙色

CMYK
57 34 55 0

CMYK
29 61 97 0

CMYK
48 59 96 4

CMYK
7 4 9 0

CMYK
30 55 73 0

CMYK
20 32 93 0

③ 绿色系

■ CMYK	■ CMYK	■ CMYK
47 54 57 0	66 60 75 17	52 20 83 0

■ CMYK	■ CMYK
62 34 96 0	34 26 27 0

④ 高明度色彩

CMYK
40 32 33 0

CMYK
7 9 60 0

CMYK
77 50 20 0

CMYK
0 0 0 0

CMYK
69 29 22 0

CMYK
44 28 18 0

CMYK
7 26 85 0

■ CMYK
0 0 0 100

■ CMYK
60 13 40 0

□ CMYK
0 0 0 0

■ CMYK
4 13 91 0

十四、闲适

能 够使人感到轻松、舒适、安全的色彩组合就能够形成闲适的配色印象，其主要色彩为米色，可以用来组合白色、浅灰色、肉粉色、淡绿色等。另外，因为配色多为近似色相或色调，所以可以用绿色植物及一些色调淡雅的花艺来丰富空间的整体层次、调节氛围。

1. 配色表

白色 + 米色

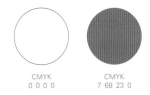

CMYK
0 0 0 0

CMYK
7 68 23 0

米色的特点为柔和、温馨，白色的特点为整洁、明亮，两种颜色搭配在一起十分协调，毫无冲突感。另外，由于白色和米色的明度差很小，所以组合在一起具有平稳、安定的感觉。

米色 + 近似色点缀

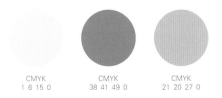

CMYK
1 6 15 0

CMYK
38 41 49 0

CMYK
21 20 27 0

利用淡雅、柔和的米色作为空间的背景色或主角色时，能够使空间具有柔和、温馨的感觉，令人感到轻松。如果用与米色相近的色彩作为调剂，则能令空间层次显得更为丰富。

2. 配色意象

CMYK　1 7 15 0

CMYK　40 37 78 0

CMYK　60 63 74 14

CMYK　53 50 32 0

CMYK　82 76 55 20

CMYK　25 35 44 0

3. 配色方案

① 白色 + 米色

CMYK
0 0 0 0

CMYK
23 25 26 0

CMYK
42 38 62 0

CMYK
84 72 56 13

CMYK	CMYK	CMYK
41 40 40 0	59 31 38 0	7 4 9 0

② 米色 + 近似色点缀

████ CMYK
36 49 56 0
████ CMYK
52 66 73 9
████ CMYK
64 73 77 35

████ CMYK
14 20 27 0
████ CMYK
43 59 80 1

③ 米色 + 绿色点缀

CMYK
23 25 26 0

CMYK
96 54 78 19

如此"好色"的中式别墅会所设计

项目名称：万路别墅

执行设计：平一　陈源

主案设计：刘中辉

/ 设计师简介 /

刘中辉，国际知名设计师，四合院设计院创办人。自2001年从业至今，获得"中国十大设计师""IFI国际室内建筑师/设计师联盟会员"等多项行业荣誉。作为中国室内中式设计第一人，以扎实的设计功底和多年沉淀对古典文化的造诣，打造出众多卓尔不群的优秀作品，如《九州书院》、财富公馆》等。

案例简述：本案中式别墅会所设计从追求空间最原始的本质开始，以空间去影响人的行为方式，设计追求合理的普适性和个性化，使人回归一种自然舒适的生活形态及生活模式当中。同时，通过虚与实的空间转折和留白的弹性处理来塑造空间形态及意向，追求形拟神似的东方印象。

一层大堂

在有限的室内面积，不影响空间整体格调的前提下，舍繁求简。糅合中式空间意蕴及现代设计要素，萃取中式元素中精华部分，运用于每一个空间细节的处理上，提升空间的观感享受及设计价值。

一层接待室

地面铺装是蜿蜒灵动的木纹地毯，不拘泥于形的线条肆意游走，予人一种疏狂的自由感。整个空间采取偏"素"的配置，低调的原木色搭配雅灰的墙面，但落地窗前的屏风，裹挟"媚而不俗"的色彩装点，一语道破空间的雅意妙思。

一层会客室

浅褐色的木质家装，不深沉、不轻浮，表达一种清新素淡的感觉。与瓷器的青在色彩上形成对比又不显冲突，两者互为补充，互为衬托，将一种相生相惜的氛围渲染呈现。

二层大餐包

天花板倒悬而下的"火树银花"使得宽敞空间层次丰富内容充实。大胆的用色，颇具巧思的元素安排，品舌尖美食，观眼前丽景，真真是"秀色可餐"，叫人大快朵颐。

二层小餐包

此间撷取"云纹、白鹤"等元素强调中式古典气质，空间尺度大而有序，线条直而不僵。色彩上偏重中国风的婉约和浪漫，将东方复古韵味表现得有声有色、不落俗套。

三层楼梯厅

从整个室内空间规划的切分与区隔的尺度着手，把控空间围合度。依托纵横的渐变与转折，突出强调空间装饰。

三层棋牌室

富丽堂皇的装饰中有画、有茶、有书。游戏其中亦是不缺文化韵致。而空间规划上，饮戏品读，一室之间各占一隅，其乐融融。彼此动静相宜，亦是可进可退。

幽雅稳重
赏心悦目的
中式别墅设计

主案设计：刘中辉

执行设计：平一　陈源

项目名称：中海现代中式别墅

　　案例简述：本案中式别墅设计不仅在元素使用上注重对古典的致敬，且关注陈设装饰在功能上的务实。室内空间关系张弛有度，整体格调上奢俭有度，中西元素使用上轻重有度。这些"有度"的掌握，让新中式设计"新"却不显稚嫩。"新"却文化底蕴浓厚。

一层客厅

空间在色彩与元素安排上选择大胆，强调空间古韵、贵气的氛围。整个空间设计感满满，通过色彩轻重的合理安排，视觉上突出却不会显得锋芒太露。

门厅

画中有诗，诗中有情。室内装点绝不可少了雅意。所谓雅俗共赏，既有雅的诗歌相伴，又有通俗的文化娱乐消磨时光，人生如此，夫复何求。

三层书房

设计基本反映了此间主人个人爱好和生活景况的一种投射，亲近自然，对阅读和亲子互动的喜好。

三层席居

春去秋来，日月如梭，世事更迭，沧海桑田。任庭前花开花落，看天外云卷云舒。似乎这么一方简洁所在，便叫人轻放了心中执着，那功名利禄都化作云烟，散于无形。

负一层走廊

一个空间的创造是一种对全局的控制和把握，在使用上必须符合功能要求，以达到舒适的感觉。

负一层餐厅

设计素朴自然，撷取适度的中式元素安排，令餐饮环境清幽古朴。亲近自然的材质使用和合理的空间关系，用心而显亲近。

其它空间